simple basic knit

新手学棒针
帽子 & 围巾

日本朝日新闻出版　编著　　何凝一　翻译

煤炭工业出版社
·北 京·

Contents

专栏

难易度标记的看法

本书收录的均是较为简单作品。其难易度可分为三个等级，用★表示如下。供实际编织时参考。

★☆☆……非常简单（推荐给初学者）
★★☆……简单
★★★……稍难

编织作品之前

开始编织作品之前，先要掌握一些有关编织线、针、必要工具及编织物的基本知识。

{ 关于编织线 }

编织线的材质、粗细及形状多种多样。即便是相同的织片，也会因编织线的差异呈现出不同的质感。

● 编织线的种类

标准纱线

粗细及捻合均一，质感顺滑的毛线。最容易编织，颜色丰富粗细不等。

仿呢纱线

混有结粒（结头和结块）的编织线。质感略微粗糙朴素。

马海毛

掺入马海毛（安哥拉羊毛），绒毛较长的编织线。纤细轻柔，一旦编织错误，很难拆开。

竹节纱（Slub）

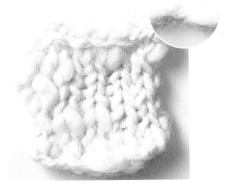

或粗或细，粗细度不均匀的编织线。即便是简单的上下针编织，也能呈现出独特的质感。

圈圈纱

编织线表面有不规则的线圈（圆圈）。针脚难于辨识，好处在于编织错误的针脚也不易看出来。

粗纱线

没有经过捻合，将所有纤维拧扭后形成的毛毡状编织线。极具保暖性但缺乏伸缩性。

● 编织线的粗细

毛线按粗细度可分为"极细线""中细线""中粗线""粗线""极粗线""超粗线"，需要根据不同的线选择适合的针。本书主要选用初学者易于编织的"粗线""极粗线"和"超粗线"。

粗线
Exceed Wool L
适合针：6~8 号针

极粗线
Men's Club Master
适合针：10~12 号针

超粗线
Of Course! Big
适合针：15 号 ~8mm 针

● 标签的看法

编织线上附带的标签，包含了编织线的相关信息。编织完成后，可以将它取下。

❶ 编织线的名称　**❷** 编织线的材质　**❺** 适合此线的编织针的号数
❸ 每卷的重量与线长　**❻** 标准织片
❹ 色号与批号　　用此线和适合的针编织出的参考织片。棒
批号是指染色时的序号。即便色号相同，针上下针编织，钩针用长针编织。有关
若批号不同，颜色多少也会存在差异。购标准织片的问题，请参见 p.6。
买多卷编织线或补充编织线时，请注意选　**❼** 洗涤和熨烫的方法及注意事项
择相同的批号。

{ 关于棒针 }

尖头棒状的编织针。根据粗细程度可分为0~15号，数字越大针越粗。比15号还粗的针用mm表示，分为7~20mm。依照编织线的粗细选择对应的编织针。

2根圆头棒针

一侧带圆头，防止针脚从棒针上滑脱。往复编织（p.7）时使用。

环形针

用线绳将两端的短针连接的编织针。环形编织（p.7）时使用更为方便。

4根棒针、5根棒针

两侧均为尖头，可从任意一侧进行编织。环形编织时（p.7）使用。

{ 关于用具 }

钩针

针尖呈钩状的编织针。本书在拼接流苏时使用。
<Hamanaka AmiAmi 两用钩针 Laku Laku>

毛线缝衣针

与普通的缝衣针相比更粗、针尖较圆。用于处理线头、缝合织片。<Hamanaka AmiAmi 毛线缝衣针（H250-706）>

剪刀

剪断编织线时使用。推荐选择剪刀尖较细、刀刃较为锋利的手工用剪刀。
<Hamanaka 手工剪刀（H420-001）>

皮尺

测量标准织片、编织物的长度时使用。

计数扣

进行环形编织时，将计数扣穿入起点处的棒针中作为标记。
<Hamanaka AmiAmi 计数扣（H250-707）>

橡胶针帽

防止针脚从棒针上滑脱，可插到针尖处。
<Hamanaka AmiAmi 橡胶针帽（H250-703）>

扭花针

编织绳纹花样时使用，分为大、中、小三种尺寸，根据编织线的粗细选择相应的大小。
<Hamanaka AmiAmi 扭花针（H250-701）>

{ 编织线与针的使用方法 }

● 抽取编织线的方法

务必从内侧抽取编织线的线头。如果从外侧抽取，线团会来回翻转，不易编织，导致线相互缠绕打结。

1 手指伸入线团中，抓住线，抽出。

2 从中找出线头。

如果是甜甜圈状的线团，直接取下纸质标签，即可看到线头。

● 编织线的挂法

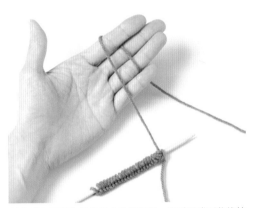

用左手小拇指和无名指夹住编织线，穿过手掌后将线挂到食指上。

● 针的握法与编织方法

左手
用食指调整线，防止编织线堆积，同时用大拇指、中指、无名指握住棒针。

右手
轻轻握住棒针，用食指压住左端的编织线。

{ 关于标准织片 }

所谓标准织片，是指"一定大小的织片(边长10cm的正方形)中所含多少针、多少行"。如要按作品的尺寸进行编织，标准织片就显得尤为重要。围脖、围巾若与作品尺寸略有出入，可不必过于在意。但帽子如果不事先编织标准织片，等好不容易织完后才发现"太大、太小、戴不上"。所以在编织作品之前，先试织一块边长15cm的正方形。

上下针编织　15针、18行＝边长10cm的正方形

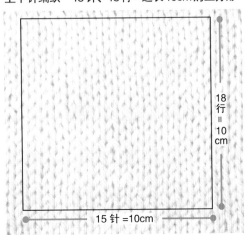

18行＝10cm

15针＝10cm

● 标准织片的调整方法

自己所织的织片与图片的标记不一样时，可按照下述的方法进行调整。

针数、行数多于标记
手感较紧，完成后比作品小。
可选用比所示编织针粗1~2号的棒针进行编织。

针数、行数少于标记
手感较松，完成后比作品大。
可选用比所示编织针细1~2号的棒针进行编织。

{ 关于针脚 }

挂在针上的线圈表示"现在编织的行间针脚"。按照记号编织后,在下一行形成记号所示的针脚。如果下一行不织,就无法完整地呈现所对应的针脚,针上所挂的针脚也算作1行。

编织几行后即是"织片"。织片的横向用"针数"表示,纵向用"行数"表示。

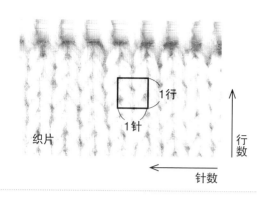

织片　　1行　1针　　行数　针数

{ 针脚记号图的看法 }

针脚记号汇集在一起形成的图片被称为"记号图",1个方格表示1针、1行。记号图通常表示从织片正面看到的状态。

● 来回编织(往复编织)时

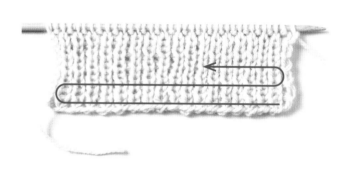

编织围巾与围脖等较为平整的作品(p.8~55)时,需每行变换一次织片的方向。

一般来说,奇数行看着正面编织,偶数行看着反面编织。

正面(奇数行)……按照记号图从右往左进行编织

反面(偶数行)……按照记号图从左往右进行编织

在记号图中下针的位置织入上针

上下针编织时　　　| = 下针　　 — = 上针

记号图的表示方法　　⟷　　**实际的编织方法**

←5
→4
←3
→2
←1

编织方向

此为从正面看到的记号,因此均是用下针表示。

4←　←5
　←3
2←　←1

奇数行按记号图所示织入下针。偶数行则是织入上针。

● 编织成圆形(环形编织)时

如帽子之类需要编织成环形的作品(p.58~91),通常都是看着织片的正面进行编织,因此按照记号图编织即可。

正面、反面……参照记号图从右往左进行编织

上下针编织　　　| = 下针

记号图的表示方法=实际的编织方法

←5
←4
←3
←2
←1

按照记号图,奇数行与偶数行均是织入下针。

编织方向

Chapter*1···往复编织

用2根棒针进行往复编织，逐行变换织片的方向。

难易度 / ★ ☆ ☆

单罗纹针编织的围巾

大受欢迎的基本款条纹围巾。男生女生均适用的清新设计。
后面附有详细的步骤解说，初学者一定要试试看哦！

设计: Itou Rikako
编织线: Hamanaka Men's Club Master
编织方法: p.10

A.

B.

作品 : p.8

单罗纹针编织的围巾

【准备材料】

编织线：Hamanaka Men's Club Master（每卷50g）

A. 本白170g　　　　**B.** 深蓝色110g
茶色50g　　　　　　　灰色100g

针：Hamanaka AmiAmi 12号圆头棒针2根

其他：缝纫针　10/0号钩针

【标准织片】

单罗纹针 22针、18行=边长10cm的正方形

【尺寸】 宽17cm　A. 长182cm　B. 长159cm

【编织方法】 用1股线按照指定的颜色编织。

1. 用一般的起针方法织入37针起针。
2. 用单罗纹针编织。
3. 变换编织线的颜色，按照配色方法继续编织。
4. 编织终点处进行伏针收针。
5. 处理好线头。
6. A接入流苏后修剪整齐。

配色

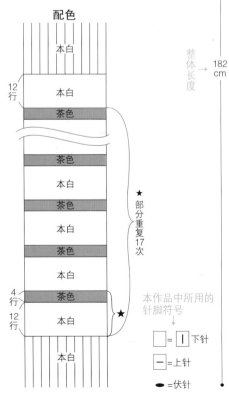

★
部分重复17次

本作品中所用的针脚符号
↓

□ = | 下针
▭ = ― 上针
● = 伏针

A.

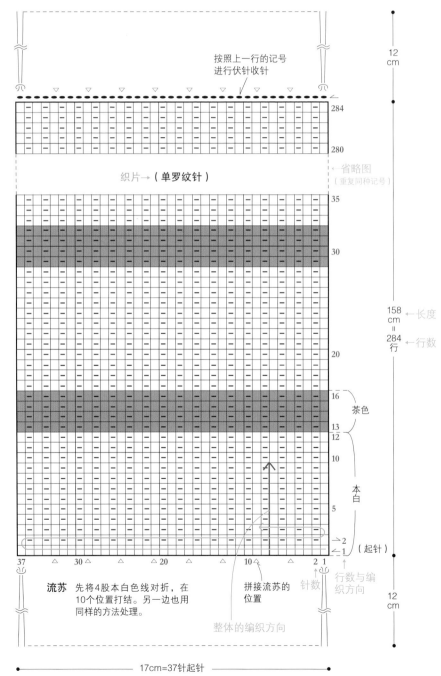

按照上一行的记号进行伏针收针

织片 →（单罗纹针）

省略图（重复同种记号）

12 cm

284

280

35

30

16

13

12

10

5

（起针）

茶色

本白

158 cm = 284 行 ← 长度／行数

整体长度 → 182 cm

流苏　先将4股本白色线对折，在10个位置打结。另一边也用同样的方法处理。

拼接流苏的位置

整体的编织方向

37　　30　　20　　10　　2 1

行数与编织方向

针数

12 cm

17cm=37针起针

宽度　针数

B.

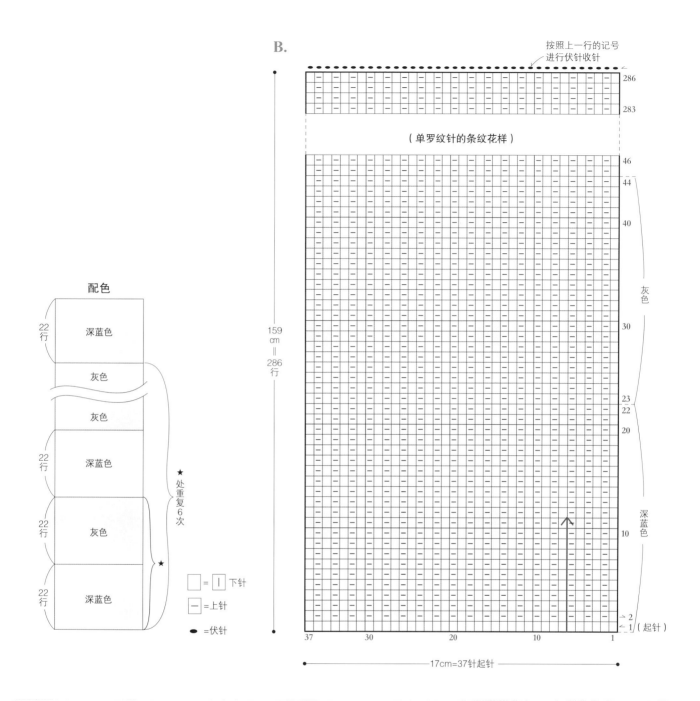

按照上一行的记号
进行伏针收针

286
283

（单罗纹针的条纹花样）

46
44
40
30
23
22
20
10
2
1（起针）

灰色

深蓝色

159 cm = 286 行

37　30　20　10　1

17cm=37针起针

配色

22行　深蓝色

灰色

灰色

22行　深蓝色

22行　灰色

★处重复6次

22行　深蓝色

★

□ = Ⅰ 下针

− = 上针

● = 伏针

条纹花样的多种配色
配色方法决定围巾的感觉，请按自己的喜好选择组合。

※ 编织线为 Men's Club Master，括号内为颜色号。

灰蓝色（66）× 藏蓝色（23）

红色（42）× 灰色（71）

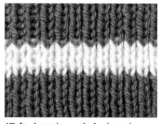

绿色（65）× 本白（22）

砖红色（60）× 焦茶色（58）

"单罗纹针编织的围巾"的编织方法 以A为例进行解说。B则是按照同样要领，根据配色的行数进行编织。

1 织入起针

一般的起针方法

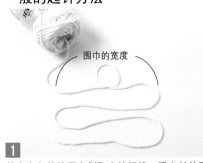

1

从本白色的线团内侧取出编织线，留出长约围巾宽度3.5倍（约60cm）的线头，制作圆环。

2

按照箭头所示，从圆环中穿出线。

3

穿出后如图。

4

拉动线头，打结。

5

打结后如图。

6

两根棒针从圆环中穿过，拉紧编织线。此即第1针。

7

编织线挂到左手。线头侧的编织线挂在大拇指上，线团侧的编织线挂在食指上。

8

压紧线头侧、线团侧的编织线，再从下方挑起大拇指内侧的编织线。

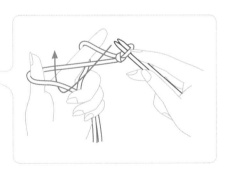

9

然后从外侧挑起食指内侧的编织线。

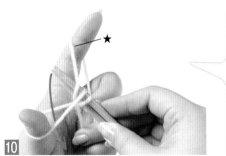

10

接着绕进挂在大拇指上的圆圈中，从内侧抽出。

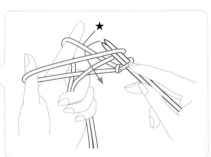

11

抽出后如图。

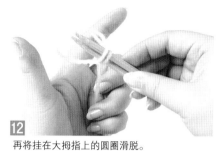

12

再将挂在大拇指上的圆圈滑脱。

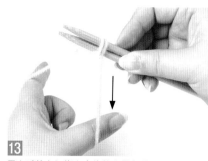

13

用左手的大拇指和食指拉紧编织线。

14

拉紧后如图。完成起针，此为第 2 针。

15

重复步骤 **8** ~ **14**，共织入 37 针起针。此即"第 1 行（下针）"。如果编织起点的线头过长，可剪短至 10cm 左右。

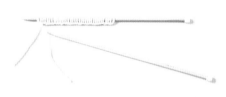

16

抽出 1 根棒针。

用 4 根棒针编织时

17

变换棒针的方向，开始编织第 2 行。

相比用两根棒针编织，更多的朋友喜欢用四根棒针进行编织。往复编织的材料页面中虽然标明使用"两根圆头棒针"，实际使用 4 根棒针也可以。不过针数较多时，需要注意避免针脚滑脱。建议给针头加上橡胶制盖帽，可防止针脚滑脱。若没有橡胶制的盖帽，也可以用橡皮筋。

与实物等大的织片。编织作品时请参考此大小。

上针 ―

POINT!

第 2 行的编织方法

编织第 2 行时，需要看着织片的反面进行编织，因此从正面看起来是下针，实际则是织上针。记号图中的 **I** 实际织入上针，**―** 实际织入的则是下针。记号图从左侧开始看。

18 第 2 行。编织线置于棒针的内侧，从外向内将棒针插入顶端的针脚中。

19 再由内向外挂线，引拔抽出。

20 引拔抽出后如图。

21 从左针上滑脱针脚。编织完成"上针"。

POINT!

在手指挂线，引拔抽出线会稍微难一些，因此可以用左手绕线，按箭头所示抽出即可。

下针 I

22 编织线置于棒针的外侧，然后从针脚的内侧插入棒针。

23 插入棒针后如图所示。

24 由内向外挂线，引拔抽出。

25 引拔抽出后如图。

26 从左针上滑脱针脚。"下针"编织完成后如图。

POINT!

下针与上针

上针与下针是最基础的针脚，通常的作品中都会用到，需要牢记它们的编织方法。编织下针的过程被称为"下针编织"，编织上针的过程被称为"上针编织"。

POINT!

看着织片的正面编织第3行（奇数行），因此只需按照记号图编织即可。

第3行

27

上针与下针交替，逐针编织（＝单罗纹针）。

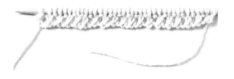

28

编织至一端后如图所示。第2行编织完成。

29

变换棒针的方向。

30

从下针开始编织。

31

下针与上针交替，逐针编织。

32

无论是看着正面编织，还是看着反面编织，均是用与上一行相同的方法进行编织，如此织入12行。

③ 换色

33

留出10cm的茶色线线头，挂到手指上。无需剪断本白色线，保持原状即可。

POINT!

用右手压住编织线，防止茶色线滑出，同时继续编织。织入数针使其固定。

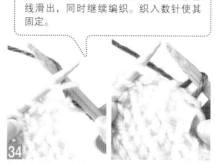

34

用茶色线织入下针。

35

接着用茶色线继续编织单罗纹针。

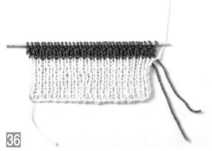

36

编织完4行后，留出10cm的线头，剪断茶色线。

POINT!

注意避免渡线相互缠绕。

37

本白色线往上牵引，然后用本白色线继续编织。

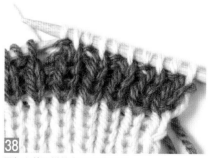

38

用与之前同样的方法继续编织。

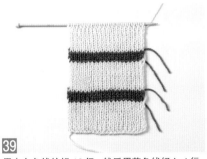

39

用本白色线编织 12 行，然后用茶色线织入 4 行，如此反复。本白色线要在顶端渡线，然后适当剪断茶色线，再接入新线。

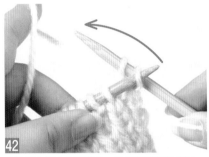

40

"用本白色线织入 12 行，茶色线织入 4 行"，重复 17 次。最后再用本白色线织入 12 行。

B的换色方法

用深蓝色线与灰色线交替织入 22 行。适当剪断两种颜色的编织线，再接入新线。

4 终点处进行伏针收针
伏针 ●

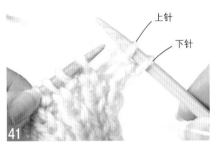

41

织入 1 针下针，1 针上针。

上针
下针

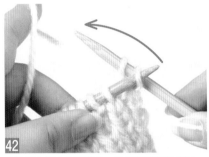

42

左针插入第 1 个针脚中，然后按照箭头所示，盖住第 2 针。

43

盖住第 2 针后如图所示。从左针上滑脱针脚，织入 1 针伏针后如图。

伏针

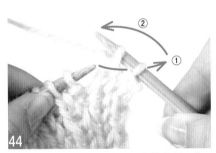

44

下面的一个针脚织入下针，再将棒针插入第 1 针中，盖住第 2 针。

②
①

45

织入 2 针伏针后如图所示。

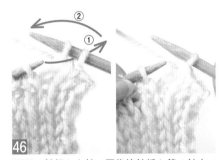

46

下面一针织入上针，再将棒针插入第 1 针中，盖住第 2 针。编织完 3 针伏针后如图。

②
①

47

重复步骤 44 ~ 46，伏针收针至一端。编织上一行时，在下针的位置织入下针，上针的位置织入上针。

48

伏针收针至一端后如图。

POINT!

伏针

编织伏针时，通常都是按照上一行的相同记号（在上一行的下针位置织入下针，上针位置织入上针）进行伏针收针。但根据不同的设计也存在例外的情况。罗纹编织时，相对于织片来说，针脚越多，越容易松懈。因此伏针收针的针脚需要稍微紧密一些，这样编织好的作品就会更工整漂亮。

⑤ 钩织终点与编织线的处理方法

49
编织完最后的伏针后，直接拉动线，制作环形。

50
留出 10cm 的线头后剪断。再将线头藏到圆环中。

51
拉动线头，收紧线圈。

处理线头

POINT!
藏好线头，避免从织片正面看到。

反面

52
线头穿入缝衣针中，将 5cm 的左右的线头藏到织片的反面。如是编织围巾，则将线头藏入顶端的针脚中，就不会过于显眼了。

53
藏好后如图。将剩余的编织线剪断。

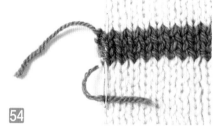

54
本白色编织线藏入本白色的织片中，茶色编织线藏入茶色的织片中。

＊编织线穿入缝纫针的方法
毛线是由多根线捻合而成，若将线头直接穿入缝衣针，容易使线头分叉。

1
用编织线夹住缝衣针。

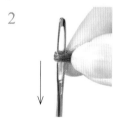

2
指尖捏紧编织线，抽出缝衣针。

3
捏住编织线，将折山部分穿入缝衣针中。

4
穿入后如图。

5
抽出编织线的另一端。

＊中途编织线不足怎么办？
用往复编织的方法制作围巾之类的作品时，尽量按照 p.15 步骤③③～③⑤ 的要领，编织至织片的顶端（确定行数时）。 ＊为了让解说更加清晰明白，特用不同颜色编织线进行说明。

新线

1
在编织织片的中途进行换线时，需留出 10cm 的原线线头。新线也留出 10cm 的线头，然后开始编织。

反面

2
在织片的反面打结，防止脱线。

3
用新线继续编织。编织完成后，再分别将线头穿入织片中藏好。

6 拼接流苏

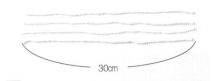

55
在 A 的顶端拼接流苏。用 4 根 30cm 的本白色线制作 1 组流苏。准备 10 组。

56
钩针从反面穿入织片顶端的针脚中。

57
将用于制作流苏的编织线对折，然后挂到钩针上。

58
从针脚中引拔抽出编织线。

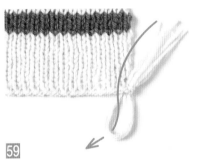

59
稍稍抽出一点，线头按照箭头所示，从线圈中穿过。

60
穿好后如图所示。再拉紧线头。

61
收紧后如图所示，完成 1 组流苏。

62
用同样的方法拼接剩余的 9 组流苏。另一侧也用同样的方法，拼接 10 组流苏。

63
剪齐流苏。

熨烫成品

编织完成后整理形状，按照反面、正面的顺序，将熨斗悬于织片上方，用蒸汽熨烫。平放冷却后，针脚就会更为工整漂亮。切记不要直接将熨斗放到织片上，会烫伤织片。采用接缝、订缝处理的作品，在接缝、订缝之前，先用蒸汽熨烫。作品完成后，再用蒸汽熨烫一次接缝、订缝的部分。

64

65
完成。

用下针与上针编织的各式织片

只需用下针与上针的组合，即可编织出各种各样的织片。
此处将向大家介绍六种具有代表性的织片，一起来看看每种织片的特点吧。

上下针编织

用下针编织的织片。往复编织时，正面织入下针，反面织入上针，每行交替编织。

反上下针编织

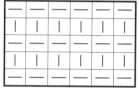

用上针编织的织片。从反面看是上下针编织，正面看是反上下针编织。往复编织时，正面织入上针，反面织入下针，每行交替编织。

平针编织

上针与下针逐行交替编织。往复编织时，每行织入下针。相比上下针编织，平针编织的织片具有一定厚度。

单罗纹针

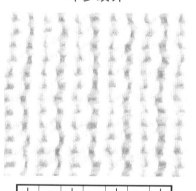

在同一行中，每1针交替织入下针与上针。横向具有伸缩性的织片。

双罗纹针

在同一行中，每2针交替织入下针与上针。比单罗纹针更具伸缩性。
*2针以上的罗纹针和下针与上针织入不同针数的织片，也被称为"变化的罗纹针"。

鹿点花纹针（1针）

上针与下针逐针逐行交替编织。分为每2针2行交替编织的织片与每1针2行交替编织的织片。

此外还有多种由下针与上针组合而成的织片。请参见从下一页开始的后续作品。

平针编织的围脖

下针编织而成平针围脖，推荐给各位初学者。
采用粗线编织，短时间内即可完成。
鲜艳的绿色与冬日的服饰搭配，亮眼清新。

设计: Itou Rikako
编织线: Hamanaka Of Course! Big
编织方法: p.21

作品：p.20　**平针编织的围脖**

【准备材料】
编织线：Hamanaka Of Course! Big（每卷50g）
　　　　绿色220g
针：Hamanaka AmiAmi 8mm圆头棒针2根
其他：缝衣针
【标准织片】平针编织　10.5针、20行＝边长10cm的正方形
【尺寸】宽20cm　周长120cm

【编织方法】用1股线编织。
1. 用一般的方法织入21针起针。
2. 用平针编织的方法织入240行。
3. 编织终点处进行伏针收针。
4. 编织起点与编织终点处用卷针订缝的方法处理。
5. 处理线头。

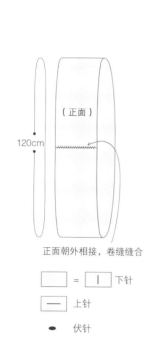

（正面）

120cm

正面朝外相接，卷缝缝合

□ ＝ | 下针

— 上针

● 伏针

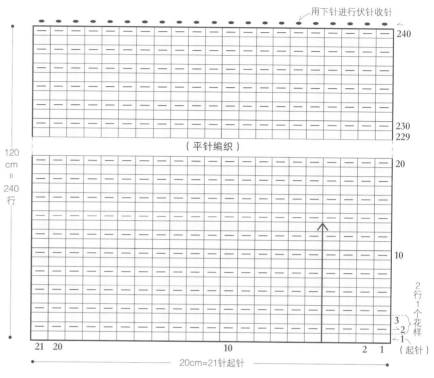

用下针进行伏针收针

（平针编织）

120
cm
＝
240
行

20cm＝21针起针

2行1个花样

卷针订缝

* 为了便于说明，选用不同颜色的缝纫线。

"订缝"是指将针脚与针脚拼接缝合的方法。卷针订缝则是将织片相接，逐针缝合的方法。此法可将织片简单地拼接起来。

1 编织起点与编织终点相接。

2 另取50cm左右的编织线，穿入缝衣针中。用缝衣针穿过外侧与内侧顶端的针脚（锁针部分），拉动线。

3 无需收紧线，留出10cm左右的线头。然后从外侧将缝衣针插入相邻的针脚中，拉动线。

4 逐一从外侧将所有针脚挑起。

5 从一端缝至另一端。

下针与上针编织的3种围巾

A为市松方格花样，B为蓬松的纵向条纹花样，C为简单的鹿点花纹花样。
仅用下针和上针就能编织出风格多样的织片。

设计：Itou Rikako
编织线：Hamanaka Amerry
编织方法：p.24

C.

作品：p.22　下针与上针编织的3种围巾

【准备材料】
编织线：Hamanaka Amerry（每卷40g）
　　　　A. 芥末黄110g
　　　　B. 米褐色150g
　　　　C. 蓝绿色130g
针：Hamanaka AmiAmi 7号圆头棒针2根
其他：缝衣针
【标准织片】
A. 花样编织　20针、27行=边长10cm的正方形
B. 花样编织　24针、29行=边长10cm的正方形
C. 鹿点花纹编织　19针、32行=边长10cm的正方形
【尺寸】A. 宽18cm　长151cm
　　　　B. 宽17cm　长150cm
　　　　C. 宽17.5cm　长150cm

【编织方法】用1股线编织。
1. 用一般的方法起针。
2. A、B为用花样编织，C为用鹿点花纹编织，均织入指定的行数。
3. 编织终点处进行伏针收针。
4. 处理线头。

A.

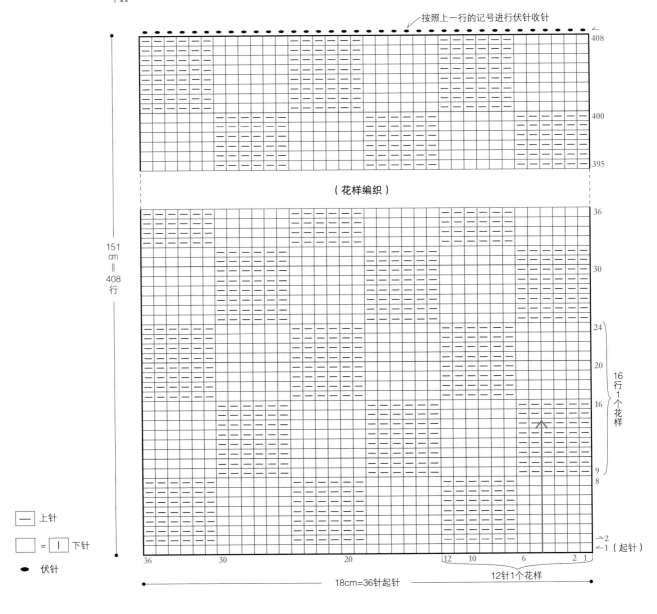

B.

按照上一行的记号进行伏针收针

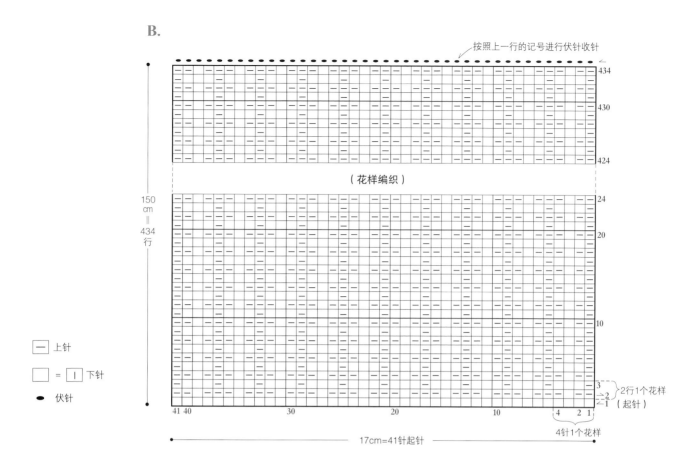

（花样编织）

434
430
424

24
20
10
3
2
1

2行1个花样
（起针）

41 40   30   20   10   4 2 1

4针1个花样

150
cm
=
434
行

— 上针

☐ = ｜ 下针

● 伏针

17cm=41针起针

C.

在上一行下针的位置织入上针，上针的位置织入下针进行伏针收针

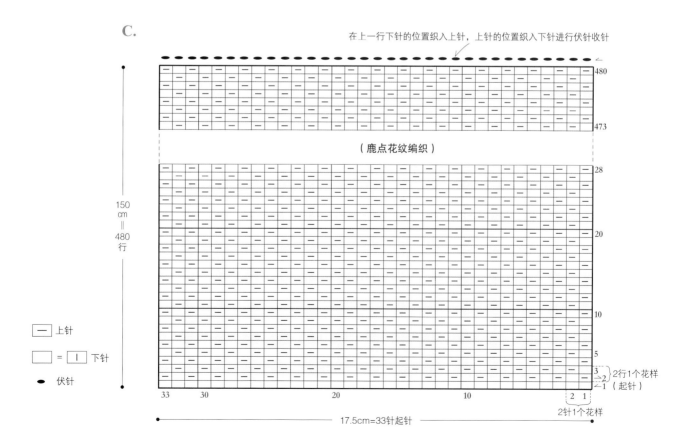

（鹿点花纹编织）

480
473

28
20
10
5
3
2
1

2行1个花样
（起针）

33 30   20   10   2 1

2针1个花样

150
cm
=
480
行

— 上针

☐ = ｜ 下针

● 伏针

17.5cm=33针起针

根西岛风格的围巾

用下针与上针的凹凸花样描绘出"根西岛风花样"的围巾。
即便编织图相同，用粗细度不同的毛线编织，也可以呈现出多种尺寸与质感。
试着编织情侣款围巾吧？

设计：镰田惠美子
制作：铃木利江
编织线：**A.** Hamanaka Sonomono Alpaca Wool **B.** Hamanaka Fuuga *Solo Color*
编织方法：p.27

A.

B.

作品：p.26

根西岛风格的围巾

【准备材料】
编织线：A. Hamanaka Sonomono Alpaca Wool
（每卷40g）灰色210g
B. Hamanaka Fuuga Solo Color（每卷
40g）粉色80g
针：Hamanaka AmiAmi 圆头棒针2根
A. 10号　B. 8号
其他：缝衣针

【标准织片】花样编织
A. 16针、21行=边长10cm的正方形
B. 20针、29行=边长10cm的正方形

【尺寸】
A. 宽18cm　长182cm
B. 宽14.5cm　长132cm

【编织方法】用1股线编织。
1. 用一般的方法织入29针起针。
2. 然后按照图示方法用平针与花样编织。
3. 编织终点处进行伏针收针。
4. 处理线头。

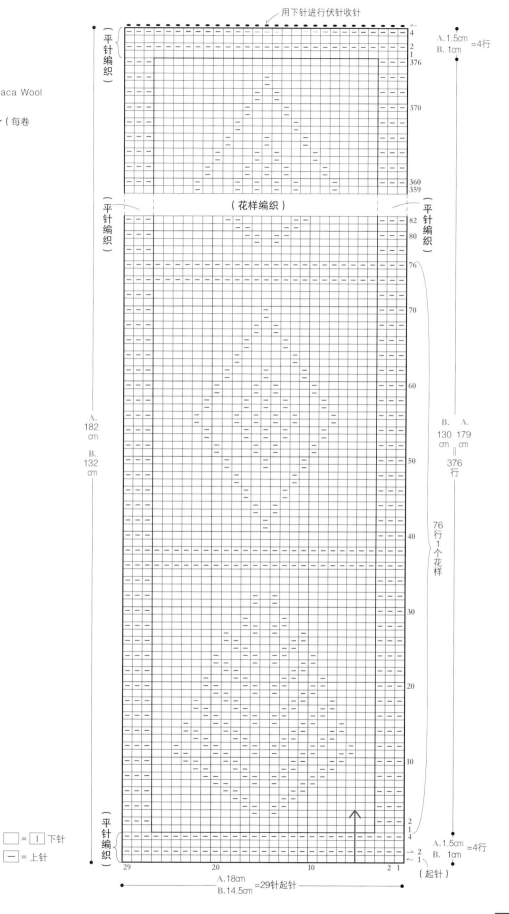

□ = ｜ 下针
— = 上针

混合色围脖

用柔软的2股线编织出蓬松的披肩式围脖。
织片的正面与反面对齐，拼接成莫比乌斯带状。

设计：Itou Rikako
编织线：Hamanaka Alpaca Villa, Sonomono Hairy
编织方法：p.29

作品：p.28　　混合色围脖

【准备材料】
编织线：Hamanaka Alpaca Villa（每卷25g）淡蓝色90g
　　　　Hamanaka Sonomono Hairy（每卷25g）象牙白60g
针：Hamanaka AmiAmi 8mm圆头棒针2根
其他：缝衣针
【标准织片】变化的罗纹针　22针、16行=边长10cm的正方形
【尺寸】宽30cm　周长100cm

【编织方法】用Alpaca Villa和Sonomono Hairy捻合成
混合色的2股线编织。
1. 用一般的方法织入66针起针。
2. 用变化的罗纹针编织160行。
3. 编织终点进行伏针收针。
4. 织片拧扭一次，编织起点与编织终点用卷针订缝的方法处理。
5. 处理线头。

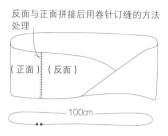

反面与正面拼接后用卷针订缝的方法处理

（正面）（反面）

100cm

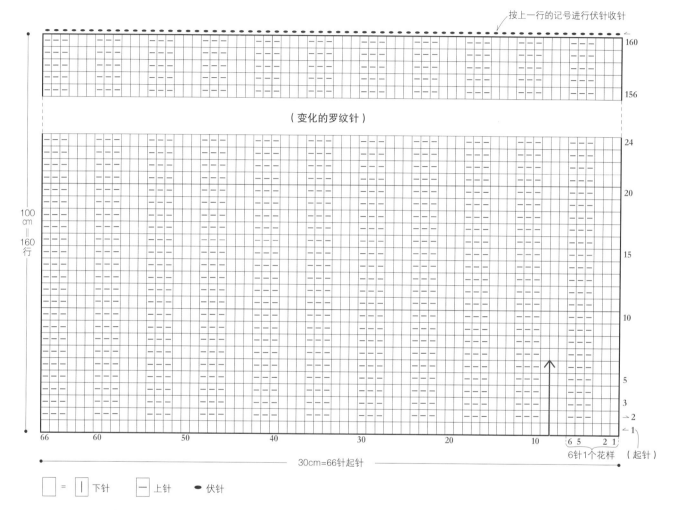

按上一行的记号进行伏针收针

（变化的罗纹针）

100cm=160行

30cm=66针起针

6针1个花样　（起针）

□ = | 下针　　— 上针　　● 伏针

混合线

所谓混合线是指用数根编织线一起编织的情况（也可以称为2股线）。混合线既可以用同色线混合、也可以用不同色的线混合，组合方法多种多样。

1 分别抽出两团编织线的线头。

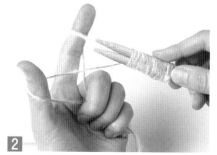

2 两根线一起编织。将两根线拉直后再进行编织，织片会更漂亮。

钻石花样的围巾／锯齿花样的围巾

适合成熟男士的传统花样围巾。

看起来比较有难度，但实际使用的针法仅有下针和上针。

如果上针和下针错位，编织出的花样也会变形，尤其是看着织片的反面编织的时候，要特别注意。

设计：横山纯子

编织线：Hamanaka Exceed Wool L粗线

编织方法：p.32、p.33

难易度／★☆☆

粗纱线围脖

用上下针和反上下针各织一半的围脖。
选用独特的混纺线编织而成，
简单而富有质感。
既温暖又柔软，是严冬不可或缺的单品。

设计：河合真弓
制作：栗原由美
编织线：Hamanaka Conte
编织方法：p.34

作品：p.30　　钻石花样的围巾

【准备材料】
编织线：Hamanaka Exceed Wool L粗线（每卷40g）
　　　　藏蓝色180g
针：Hamanaka AmiAmi 8号圆头棒针2根
其他：缝衣针
【标准织片】
花样编织　20.5针、25.5行=边长10cm的正方形
【尺寸】
宽20cm　长153cm

【编织方法】用1股线编织。
1. 用一般的方法织入41针起针。
2. 然后用平针编织的方法织入4行，用花样编织的方法织入382行。
3. 再用平针编织的方法织入3行，终点处进行伏针收针。
4. 处理线头。

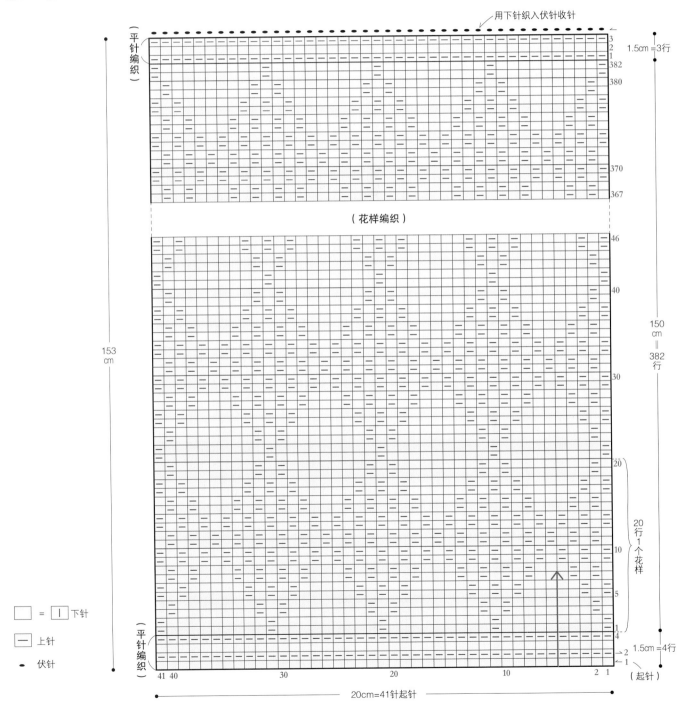

　　=　下针

　　上针

•　伏针

作品：p.30　　锯齿花样的围巾

【准备材料】
编织线：Hamanaka Exceed Wool L粗线（每卷40g）
　　　　胭脂色200g
针：Hamanaka AmiAmi 8号圆头棒针2根
其他：缝衣针
【标准织片】花样编织　21.5针、28行=边长10cm的正方形
【尺寸】宽20cm　长153cm

【编织方法】用1股线编织。
1. 用一般的方法织入43针起针。
2. 接着用平针编织的方法织入4行，用花样编织的方法织入420行。
3. 再用平针编织的方法织入3行，终点处进行伏针收针。
4. 处理线头。

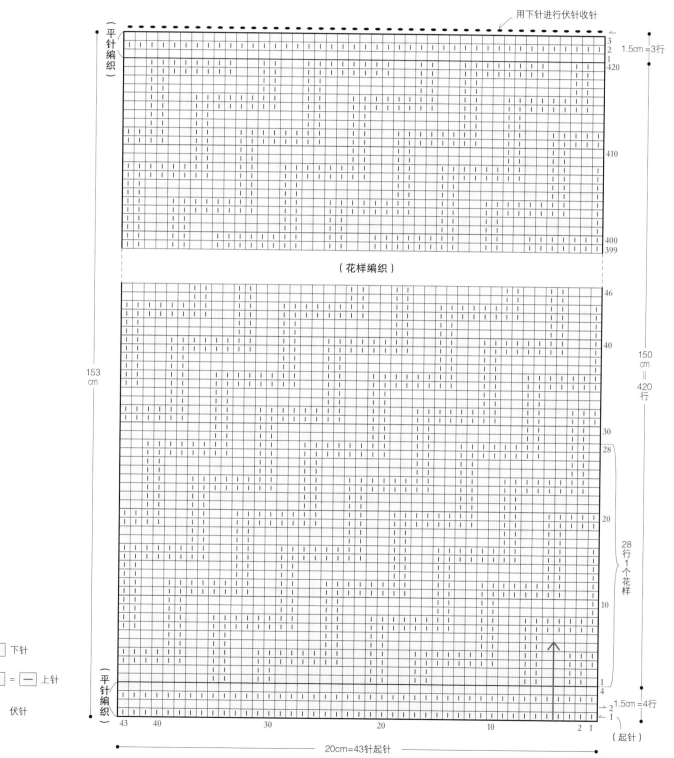

	下针
□ = —	上针
●	伏针

作品：p.31

粗纱线围脖

【准备材料】
编织线：Hamanaka Conte（每卷100g）
灰色190g
针：Hamanaka AmiAmi 15mm圆头棒针2根
其他：缝衣针

【标准织片】
上下针编织、反上下针编织
6.5针、7行=边长10cm的正方形

【尺寸】
宽28cm 周长120cm

【编织方法】用1股线编织。
1. 用一般的方法织入18针起针。
2. 接着用上下针编织42行。
3. 再用反上下针编织42行，暂时停下不织。
4. 编织起点与编织终点用上下针订缝的方法处理。

*上下针编织的织片顶端容易卷曲，编织完成后需用蒸汽熨斗熨烫，调整形状。

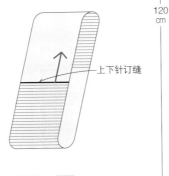

上下针订缝

□ = | 下针

— 上针

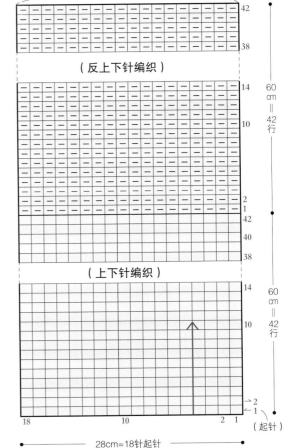
暂休针

（反上下针编织）

（上下针编织）

60cm=42行

120cm

60cm=42行

28cm=18针起针

（起针）

上下针订缝
*为了便于说明，此处更换了编织线的颜色。

上下针订缝时按照织片所示，用同样的方法织入上下针，同时进行订缝缝合。由于订缝的针脚并不显眼，完成后的织片就会工整漂亮。此作品使用的编织线较粗，除了用此方法处理，还可以在编织终点处进行伏针收针，再用卷针订缝的方法（p.21）处理。

编织起点侧
编织终点侧

1 将织片的起点侧与终点侧相接。终点侧留出大约100cm（约织片3.5倍）的线头后剪断。穿入顶端的针脚中，从正面穿出线。

2 将终点侧顶端的1针从棒针上滑脱。再将起点侧的第1针挑起。

3 从终点侧顶端针脚的正面穿入缝衣针，再从第2针外侧的正面穿出针。

4 接着将起点侧的第2针挑起。注意线不要拉得太紧（织入第1行的针脚）。

5 终点侧的第2针按照步骤**3**的方法进行挑针。来回穿两次针后，滑脱棒针。

6 重复步骤**3**、**4**，订缝缝合至另一端。

作品：p.36　拉针编织的围脖

【准备材料】
编织线：Hamanaka Fuuga *Solo Color*（每卷40g）灰色135g
针：Hamanaka AmiAmi 10号圆头棒针2根
其他：缝衣针
【标准织片】花样编织　22针、26行=边长10cm的正方形
【尺寸】宽25cm　周长120cm

【编织方法】用1股线编织。
1. 用一般的方法织入55针起针。
2. 按照图示用花样编织的方法织入312行。
3. 编织终点处进行伏针收针。
4. 编织起点与编织终点处进行卷针订缝。
5. 处理线头。

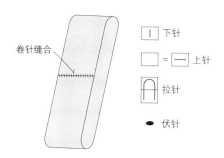
卷针缝合

	下针
= —	上针
拉针	

● 伏针

用下针进行伏针收针。
拉针位置，在编织拉针的同时进行伏针收针

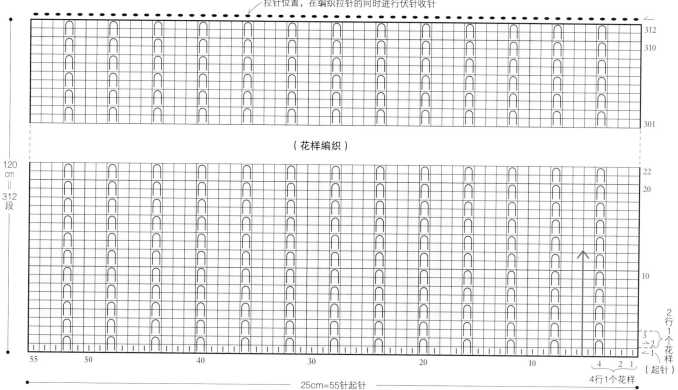

（花样编织）

120cm = 312段

25cm=55针起针

2行1个花样（起针）
4行1个花样

拉针　→4　→3　→2　←1　在记号的下一行进行编织。

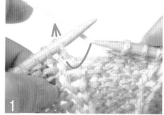
第1、2行用下针编织，编织第3行时将钩针插入下面一行的针脚（第1行）中，拆开针脚。

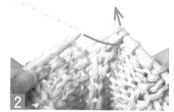
插入左针。

编织下针。"拉针"编织完成后如图。

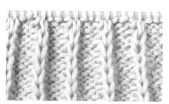
拉针针脚呈立体悬浮状。

难易度／★★☆

拉针编织的围脖

使用"拉针"织出的围脖，针脚呈立体悬浮状。
织片的反面也很漂亮，可将反面朝外缠在颈部，享受不同搭配带来的乐趣。

设计：横山纯子
编织线：Hamanaka Fuuga *Solo Color*
编织方法：p.35

難易度／★★☆

细格纹围脖

平针编织的条纹花样与滑针组合，
形成细格纹花样。
看起来略微复杂，但编织方法并不难。
初学者绝对能掌握，今年冬天一定要试一试。

设计：横山纯子
编织线：Hamanaka Fuuga *Solo Color*
编织方法：p.38

作品：p.37　　细格纹围脖

【准备材料】
编织线：Hamanaka Fuuga Solo Color（每卷40g）
　　　　白色80g　黑色60g
针：Hamanaka AmiAmi 10号圆头棒针2根
其他：缝衣针
【标准织片】花样编织　20针、31行=边长10cm的正方形
【尺寸】宽25.5cm　周长121cm

【编织方法】用1股线按照指定的配色进行编织。
1. 用一般的方法织入51针起针。
2. 按照图示方法用花样编织织入376行。
3. 编织终点处进行伏针收针。
4. 编织起点侧与编织终点侧进行卷针订缝。
5. 处理线头。

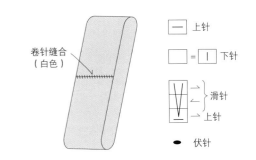

卷针缝合
（白色）

	上针
□ =	下针

V V V　滑针
上针

● 伏针

用下针进行伏针收针（白色）

（花样编织）

376
370
361
40
30
20
10
5

121cm = 376行

黑色
白色

51 50　　40　　30　　20　　10

4行1个花样
4针1个花样
起针

4 2 1
4针1个花样（起针）

25.5cm=51针起针

滑针的编织方法

左针上的针脚无需编织，直接移到右针上，即是"滑针"。

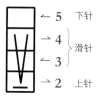

← 5 下针
→ 4 ⎫
← 3 ⎬ 滑针
→ 2 上针

* 为了便于说明，换用其他颜色的线进行解说。

第2行

第2行均是用白色线编织上针（看着反面进行编织，实际操作时是织入下针）。

第3行

编织线置于外侧，右针从外侧插入，针脚无需编织直接移到右针上。

移动之后如图。此即"滑针"。将记号下面一行的针脚往上拉，在反面形成渡线。

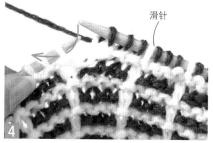

用黑色线织入3针下针，然后按照步骤2、3的方法移动针脚。

第4行

再次移动步骤2的滑针。编织线置于内侧，从外侧插入右针，针脚无需编织直接移到右针上。

移动之后如图。织入2行"滑针"后如图。

用黑色线织入3针上针，接下来按照步骤2、3的方法移动下一针的针脚。

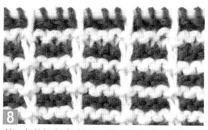

第4行编织完成后如图。第3、4行移动过的"滑针"挂在针上如图。

第5行

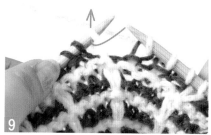

第5行用白色线编织。滑针处用下针编织。

编织完成后如图。

第5行编织完成后如图。重复4行1个花样。

绳纹花样的迷你围巾&长手套

绳纹花样看起来很难，但如果使用扭花针编织就会变得非常简单！
只需重复一种交叉花样，掌握之后即可顺利地编织完成。
长手套则是在平整的织片上留出大拇指孔，然后缝合即可。
短时间内可以完成，非常适合当礼物送人。

设计： Oka Mariko
制作： 安河内奈美子
编织线： Hamanaka Amerry
编织方法： p.42、p.43

【准备材料】
编织线：Hamanaka Amerry（每卷40g）120g
　　　A. 深红色
　　　B. 灰色
针：Hamanaka AmiAmi 7号圆头棒针2根
其他：扭花针　缝衣针
【标准织片】
花样编织　31.5针、29.5行=边长10cm的正方形
【尺寸】
宽19cm　长100cm

【编织方法】用1股线编织。
1. 用一般的方法织入52针起针，然后用双罗纹针编织6行。
2. 第1行按照图示方法进行加针，再用花样编织织入280行。
3. 接着用双罗纹针继续编织，但第1行需要按照图示方法进行减针。
4. 编织终点处进行伏针收针。
5. 处理线头。

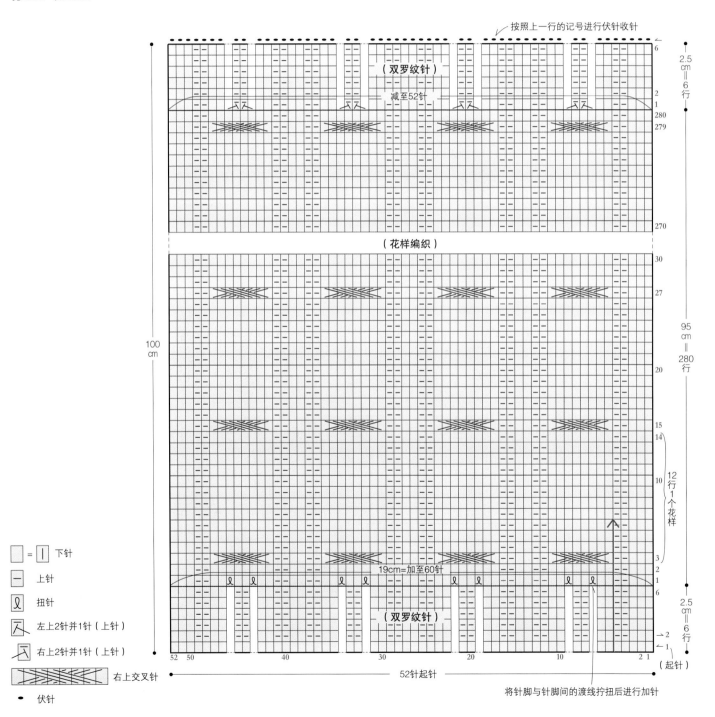

按照上一行的记号进行伏针收针

（双罗纹针）

减至52针

（花样编织）

19cm=加至60针

（双罗纹针）

52针起针

将针脚与针脚间的渡线拧扭后进行加针

12行1个花样

2.5cm=6行

95cm=280行

2.5cm=6行

100cm

□ = | 下针
— 上针
Ⅰ 扭针
入 左上2针并1针（上针）
入 右上2针并1针（上针）
右上交叉针
· 伏针

作品：p.40　　绳纹花样的长手套

【准备材料】
编织线：Hamanaka Amerry（每卷40g）
　　　　深红色35g
针：Hamanaka AmiAmi 7号圆头棒针2根
其他：扭花针　缝衣针
【标准织片】花样编织　31.5针、29.5行=边长10cm的正方形
　　　　　　变化的罗纹针　26.5针、29.5行=边长10cm的正方形
【尺寸】宽18cm　高16.5cm

【编织方法】用1股线编织。
1. 编织左手。用一般的方法织入51针起针。
2. 然后按照编织图用花样编织和变化的罗纹针织入加减针，共织入48行。
3. 编织终点进行伏针收针。
4. 留出大拇指孔，侧面用挑针接缝的方法处理。
5. 用与左手对称的方法编织右手。

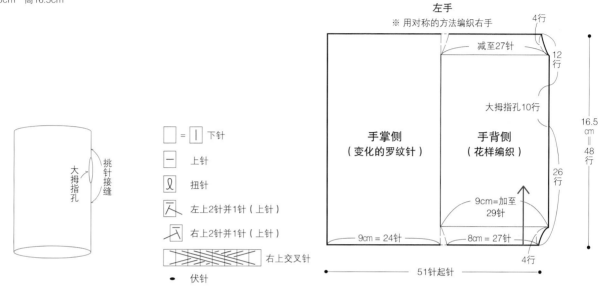

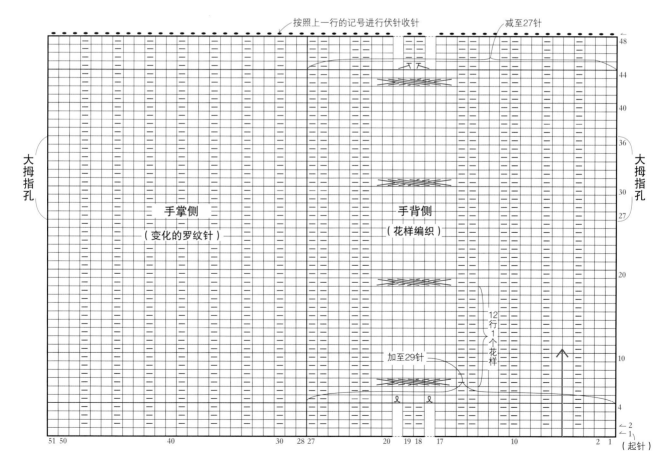

"绳纹花样的迷你围巾"的编织方法

交叉针记号的看法

实线：交叉针位于上方的针脚　　虚线：交叉针位于下方的针脚

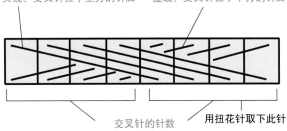

交叉针的针数　　用扭花针取下此针

1 编织双罗纹针

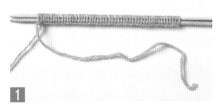

1
用一般的起针方法（p.12）在2根棒针入52针。此即第1行。

2
然后用双罗纹针编织6行。

4
挑针完成后如图。

5
左针插入挑针的针脚中，在右针上挂线，按照下针的方法编织。

7
然后织入2针下针，再织入扭针进行加针。

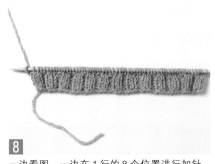

8
一边看图，一边在1行的8个位置进行加针。合计加至60针。

2 编织花样

扭针 ♈

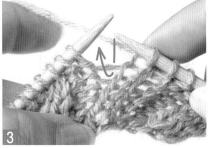

3
花样编织的第1行。用下针与上针织入7针，接着用扭针进行加针。然后将针脚与针脚间的渡线按照箭头所示挑起。

> **POINT!**
> 上一行的针脚拧扭后，加针的位置便没有缝隙。

6
编织完成后如图。此即用"扭针"增加1针。

9
花样编织的第2行用下针和上针编织。第3行则是织入3针下针、2针上针，然后交叉。

右上交叉针（4针） ░░░░░░░░

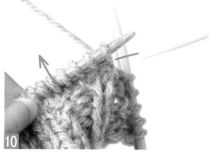

10 按照箭头所示，插入扭花针，移动针脚。

11 移动4针后，将扭花针置于织片的内侧。

12 先编织挂在左针上的针脚。

POINT!

有一点困难，稍微努力一下试试吧。

13 编织完成后如图。

4针

14 共计编织4针。

15 换用扭花针，织入下针。

16 编织完成后如图。接着编织剩余的3针。

4针

17 在之前编织的4针上方形成4针交叉。"右上交叉针（4针）"编织完成。

18 一边看图，一边在指定的位置织入1行右上交叉针（4针）。

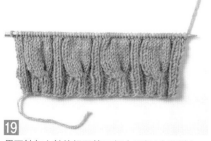

19 用下针与上针编织至第14行（12行1个花样）。

20 第15行按照第3行的方法，织入右上交叉针（4针）。

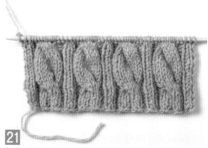

21 第15行编织完成后如图。编织完下一个交叉花样后，形成凸起的绳纹花样。

编织双罗纹针

左上2针并1针（上针）

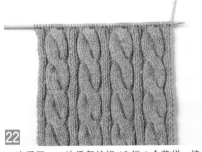

22 一边看图，一边重复编织12行1个花样，编织至第280行。

23 用下针和上针编织7针后进行减针。右针按照箭头所示从外侧插入，编织2针并1针。

24 2针并1针织入上针。

右上2针并1针（上针）

25 将下面一行的左侧针脚与右侧针脚重叠。"左上2针并1针（上针）"编织完成。

26 按照箭头所示插入右针，无需编织，移动2针。

27 按照箭头所示插入左针，一次性移动2针。改变针脚的顺序。

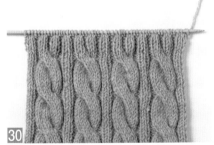

28 再按照箭头所示插入右针。

29 编织上针。将下面一行的右针与左针重叠。"右上2针并1针（上针）"编织完成。

30 在编织图的指定位置织入左上2针并1针（上针）与右上2针并1针（上针），减针至52针。第2~6行用双罗纹针无加减针进行编织。

4 编织终点进行伏针收针　伏针 ●

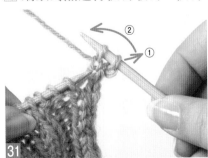

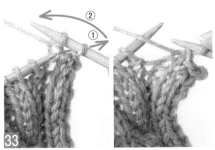

31 织入2针下针，左针插入第1个针脚中，盖住第2针。

32 完成1针伏针后如图。

33 织入1针下针，左针插入第1个针脚中，盖住第2针。

34 在上一行的下针位置处织入下针，上针位置处织入上针，同样地进行伏针收针。

35 从一端伏针收针至另一端，最后按照 p.17 的要领，处理线头。

36 完成。

长手套边缘处的缝合方法

挑针接缝 "接缝"是指将针脚的行间与行间缝合。挑针接缝是将两块织片相接，看着正面缝合的方法。边缘的针脚较为松弛，缝份可将针脚遮住，让织片更工整漂亮。

1 织片的两端相接。把起针剩下的编织线当作接缝线，将①起针顶端的 2 根线挑起。

2 拉紧线，将②起针的 2 根线挑起。

3 拉紧线，再将①顶端的针脚与第 2 针之间的渡线挑起。

4 拉紧线，将②顶端的针脚与第 2 针之间的渡线挑起。

5 逐行交替将两侧的渡线挑起。

6 * 为了更清晰明了，图片解说中替换了接缝线的颜色。实际操作时，接缝线在针脚中来回穿引后，织片容易松懈或缠绕，因此每隔 2~3 针需要拉紧一次。

双色围脖

两种织片组合而成的围脖。
自然的色彩拼接，充满温暖感的设计。
随意缠于颈间，呈现色彩与花样碰撞出的独特时尚感。

设计：野口智子
编织线：Hamanaka Sonomono Alpaca Wool
编织方法：p.49

作品：p.48　双色围脖

【准备材料】
编织线：Hamanaka Sonomono Alpaca Wool（每卷40g）
　　　　象牙白90g　茶色与灰色混合线120g
针：Hamanaka AmiAmi 12号圆头棒针2根
其他：扭花针　缝衣针
【标准织片】①花样编织　14针、26行＝边长10cm的正方形
　　　　　　②花样编织　18针、22行＝边长10cm的正方形
【尺寸】宽20~25cm　长132cm

【编织方法】用1股线编织。
1. 用一般的方法织入36针起针。
2. 接着用①花样编织织入174行。
3. 再用②花样编织织入144行。
4. 编织起点侧与编织终点侧进行卷针订缝。
5. 处理线头。

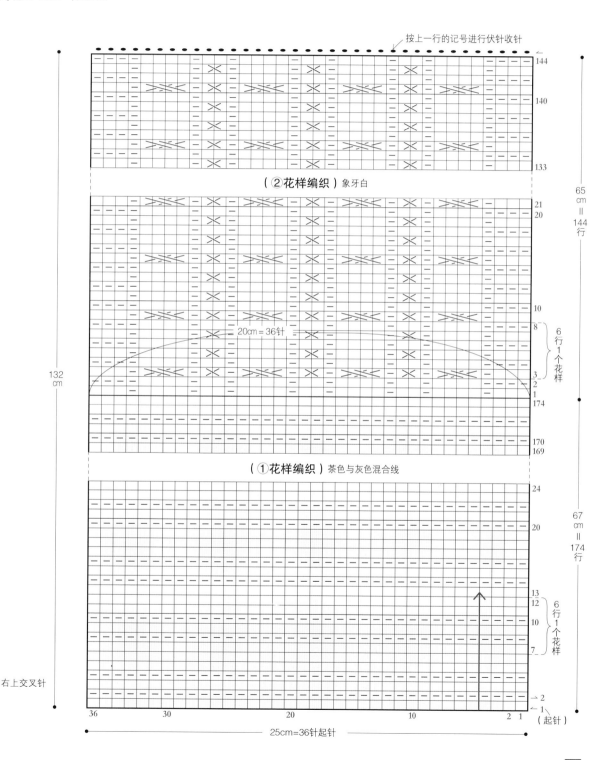

－	上针
□＝|	下针
✕	右上交叉针
●	伏针

按上一行的记号进行伏针收针

（②花样编织）象牙白

（①花样编织）茶色与灰色混合线

20cm＝36针

6行1个花样

65cm＝144行
67cm＝174行
132cm

25cm＝36针起针

绳纹花样的披肩

横向编织出一块完整的织片，领口侧自然收缩，
外形与身体相贴合。
寒冷的冬日可以披在外套上。

设计：Oka Mariko
制作：安河内奈美子
编织线: Hamanaka Of Course! Big
编织方法: p.51

作品：p.50　　绳纹花样的披肩

【准备材料】
编织线：Hamanaka Of Course! Big（每卷50g）
　　　　芥末色300g
针：Hamanaka AmiAmi 8mm圆头棒针2根
其他：扭花针　缝衣针
【标准织片】
①花样编织　7针=7cm　17行=10cm
②花样编织　15.5针、14行=边长10cm的正方形
【尺寸】
领口周长85cm　下摆周长103cm　高34cm

【编织方法】用1股线编织。
1. 用一般的方法织入49针起针。
2. 然后用①、②花样编织织入144行。
3. 编织起点与编织终点用上下针订缝的方法缝合。
4. 处理线头。

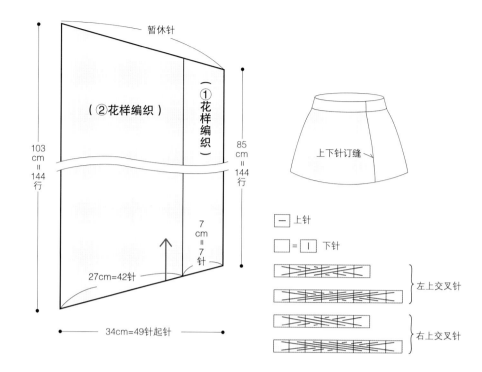

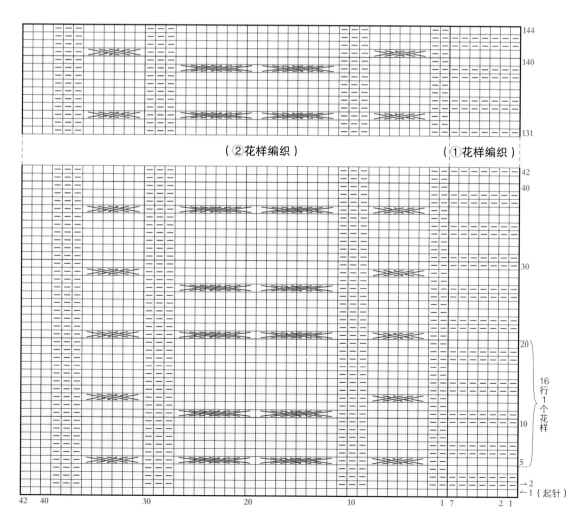

阿兰花样的围巾

掌握交叉针的编织方法后，总想着去挑战一下令人憧憬的阿兰花样。
用不同的针数编织出多种交叉花样，基本的编织方法相同，不要着急慢慢织，
肯定能织出独一无二的作品。

设计：Oka Mariko
制作：安河内奈美子
编织线：Hamanaka Alan Tweed
编织方法：p.53

作品：p.52　　阿兰花样的围巾

【准备材料】
编织线：Hamanaka Alan Tweed（每卷40g）本白220g
针：Hamanaka AmiAmi 10号圆头棒针2根
其他：扭花针　缝衣针　10/0号钩针
【标准织片】
花样编织　23针、24行=边长10cm的正方形
【尺寸】宽19cm　长178cm

【编织方法】用1股线编织。
1. 用一般的方法织入44针起针。
2. 用花样编织织入366行。
3. 编织终点进行伏针收针。
4. 处理线头。
5. 两端拼接流苏（p.18），剪齐。

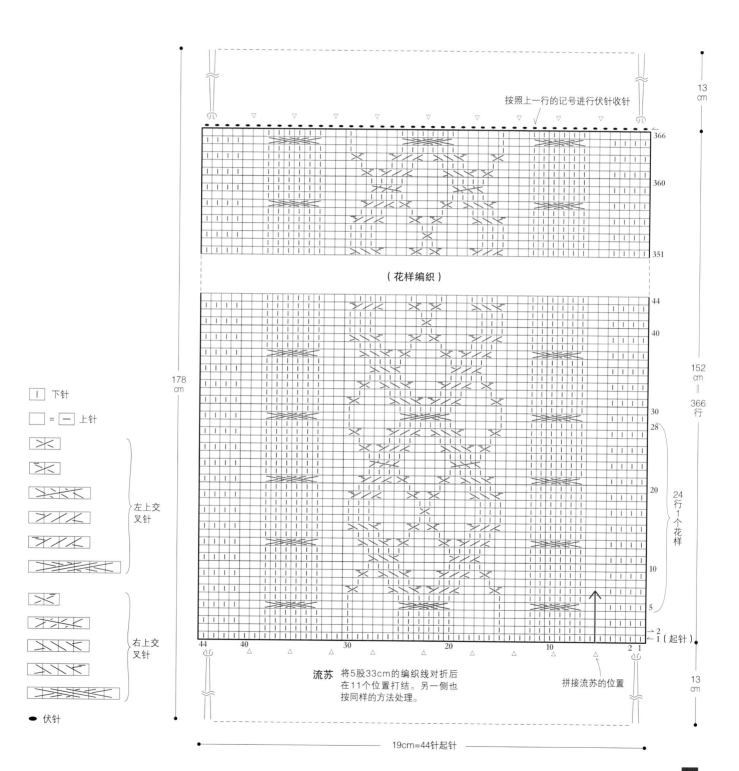

流苏　将5股33cm的编织线对折后在11个位置打结。另一侧也按同样的方法处理。

"阿兰花样的围巾"交叉针的编织方法

用各种交叉针组合而成的"阿兰花样"看起来复杂，
但只要掌握交叉针的编织方法后，按照相同的要领依次编织即可完成。

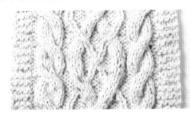

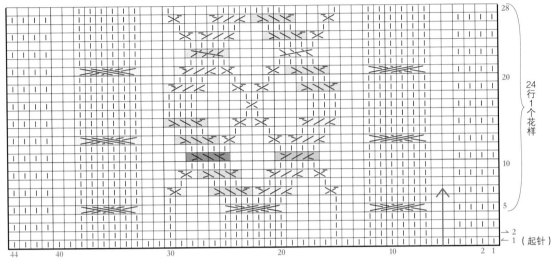

| | 下针 | | = | — | 上针 |

左上交叉针（3针）

*为了便于说明，此处替换了编织线的颜色。

1 用扭花针取下3针，置于织片的外侧。

2 接下来的3针织入下针。

3 之前扭花针上的3个针脚织入下针。

4 编织完"左上交叉针（3针）"后如图。
※ 编织左上交叉针（下针3针 × 下针1针）时，在步骤**2**织入1针下针。

右上交叉针（3针）

1 用扭花针取下3针，置于织片的内侧。

2 接下来的3针织入下针。

3 之前扭花针上的3个针脚织入下针。

4 编织完"右上交叉针（3针）"后如图。
※ 编织右上交叉针（下针1针 × 下针3针）时，在步骤**1**用扭花针取下1针。

右上交叉针（下针1针 × 上针1针）

用扭花针取下1针，置于织片的内侧。

接下来的1针织入上针。

上针

之前扭花针上的针脚织入下针。

"右上交叉针（下针1针 × 上针1针）"编织完成。

左上交叉针（上针1针 × 下针3针）

用扭花针取下1针，置于织片的外侧。

接下来的3针织入下针。

之前扭花针上的针脚织入上针。

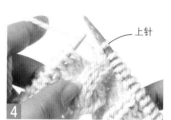
"左上交叉针（上针1针 × 下针3针）"编织完成。

上针

※ 编织左上交叉针（下针1针 × 下针3针）时，在步骤**3**织入下针。

右上交叉针（下针3针 × 上针1针）

用扭花针取下3针，置于织片的内侧。

接下来的1针织入上针。

上针

之前扭花针上的3针织入下针。

"右上交叉针（下针3针 × 上针1针）"编织完成。

※ 编织右上交叉针（下针3针 × 下针1针）时，在步骤**2**织入下针。

左上交叉针（上针1针 × 下针1针）

用扭花针取下1针，置于织片的外侧。

下针

接下来的1针织入下针。

之前扭花针上的针脚织入上针。

"左上交叉针（上针1针 × 下针1针）"编织完成。

※ 编织左上交叉针（下针1针 × 下针1针）时，在步骤**3**织入下针。

用水洗唛改良作品

作品编织完成后，加上原创的水洗唛，会更具质感。

可加入自己的标志，或 "handmade" 字样。还可以加入所赠之人的名字缩写，给人意外的惊喜。

使用市售的布条和水洗唛

水洗唛与字母布条可在杂货店、复古商店和网店购入。有些店还提供定制服务，印出自己喜欢的文字和插图。字母布条如丝带一般，印有连续的花样，可以根据个人的需求剪开使用。两端向内折叠 5mm，用缝纫线缝好即可。

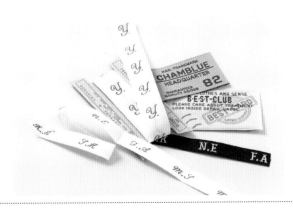

手工制作的水洗唛

崇尚手工编织的朋友连水洗唛也会选择手工制作。a 是利用喷墨打印机印制的棉质布签，b 则是在棉质的布条上盖上印章。墨水采用布料专用的墨水。两种均可熨烫粘合，但用于针织品时容易脱落，请选用可以缝合的类型。

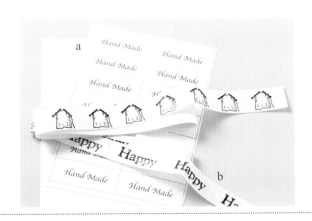

多种包装

送给亲朋好友的礼物，需用心包装一下。
相比严严实实的包装，手工编织的作品更适合随性的装饰。

打蝴蝶结

将线绳一圈一圈缠到围巾上，拉紧打蝴蝶结。不用专门买包装用的丝带，
用毛线或麻线就非常可爱。

放到盒子里

透明礼物盒是最基本的包装方法。可以放入一些填充物，撒上树木果实等，
清新自然。

放到篮子里

与篮子一起作为礼物送人。可以就这样直接放到包装袋里。别忘了写卡
片噢！

放到麻线袋里

放到网状的束口袋中。如此独特的包装，递给对方时信心满满。

Chapter*2 ···· 环形编织

用4根棒针或环形针，看着织片的正面一圈一圈编织成环形。

难易度／★☆☆

环形围脖

用环形针一圈一圈编织而成的围脖。
既可以随意围在脖子上，
也可以两重折叠，像翻领一样。
保暖性极佳的一件作品。

设计：野口智子
编织线：Hamanaka Of course! Big
编织方法：p.59

作品：p.58　　环形围脖

【准备材料】
编织线：Hamanaka Of Course! Big（每卷50g）
　　　　灰色、藏蓝色各80g
针：Hamanaka AmiAmi 8mm 60cm的环形针
其他：缝衣针
【标准织片】
变化的罗纹针　12.5针、15.5行=边长10cm的正方形
【尺寸】
周长56cm　高37cm

【编织方法】用1股线编织。
1. 用一般的方法织入70针起针，呈环形。
2. 织入变化的罗纹针，用灰色线编织27行。
3. 换用藏蓝色线，再织入27行。
4. 用单罗纹针编织3行。
5. 编织终点进行伏针收针。
6. 处理线头。

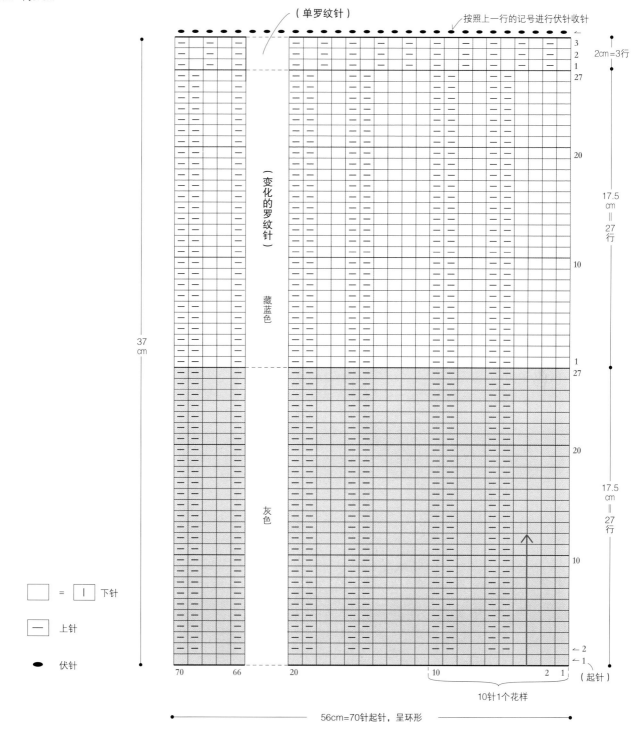

（单罗纹针）

按照上一行的记号进行伏针收针

（变化的罗纹针）

藏蓝色

灰色

2cm=3行

17.5cm＝27行

17.5cm＝27行

37cm

```
   = | 下针

 —   上针

 ●   伏针
```

70　　　　66　　　　20　　　　　　　　10　　　　　　2　1
（起针）

10针1个花样

56cm=70针起针，呈环形

"环形围脖"的编织方法

1 编织起针

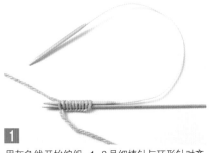

1 用灰色线开始编织。1~2号细棒针与环形针对齐，织入一般的起针(p.12)，将针脚推至后方软线侧。

2 织入70针起针后如图。

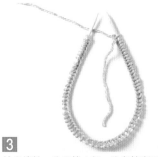

3 抽出棒针。此即第1行。注意针脚不要拧扭。

2 编织变化的罗纹针

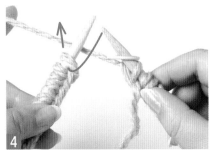

4 注意换行的位置不要错位，将计数扣穿入环形针中。然后按照箭头所示插入针，织入下针(p.14)。

5 织入4针下针。

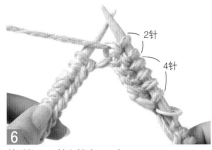

2针

4针

6 然后织入2针上针(p.14)。

7 接着再织入2针下针、2针上针，重复"10针1个花样"，编织1行(= 变化的罗纹针)。

8 第3行以后，一圈一圈编织成螺旋状。

9 重复编织10针1个花样，合计织入27行。

3 换色

10 编织完27行后，留出10cm左右的灰色线，剪断。留出10cm的藏蓝色线头，然后将编织线挂在手指上，织入下针(p.15的步骤33、34)。

11 用藏蓝色线织入相同的变化的罗纹针。

12 用藏蓝色线合计编织27行。

④ 编织单罗纹针

编织单罗纹针。先织入1针下针。

然后编织上针。交替编织下针与上针（＝单罗纹针）。合计编织3行。

⑤ 终点处进行伏针收针

⑤ 终点处进行伏针收针

伏针收针 ●

编织1针下针、1针上针。针插入第1个针脚中，盖住第2针。

织入1针伏针后如图。下针与上针交替编织，伏针收针至末端（p.16）。

⑥ 处理编织终点的线头

伏针收针至末端后，留出15cm的线头，剪断后引拔抽出。

连成链状

将线头穿入缝衣针中，再将针插入编织起点的针脚中。

拉紧线，再穿入最后的针脚中。

连接编织起点与编织终点。

处理线头（p.17的步骤52～54），完成。

关于环形针

所谓环形针指的是针与针之间有软线相连的编织针，长度分为40cm、60cm、80cm、100cm。可在变换拿针的同时进行编织，相比"4根棒针"来说更简单，因此在编织此类无加减针的作品时，建议使用环形针。但是，如果与作品的周长相比，环形针的长度过长或过短都无法进行编织，因此需要准备适合作品的环形针。像帽子之类，在帽顶需要减针的作品，四周会越来越短，所以不能用环形针进行编织，需要准备4根棒针。

此作品也可以用4根棒针编织。用4根棒针编织时请参照p.65。

环形针

容易编织，便于携带。需准备适合作品长度的编织针。

4根棒针

有一组即可编织出各种尺寸的作品。需要边换针边进行编织，不习惯的话编织起来会比较难。

难易度／★☆☆

双罗纹针的针织帽

帽顶稍长的针织帽是今年的流行款式。
罗纹针具有伸缩性，编织均码尺寸即可。
最适合当作礼物送给男性。

设计：镰田惠美子
编织线：Hamanaka Men's Club Master
编织方法：p.64

A.

B.

C.

作品：p.62
双罗纹针的针织帽

【准备材料】
编织线：Hamanaka Men's Club Master（每卷50g）75g
　　　　A. 砖红色　**B.** 浅灰色
　　　　C. 深蓝色
针：Hamanaka AmiAmi 10号特长棒针4根
其他：缝衣针
【标准织片】
双罗纹针　18针、20.5行=边长10cm的正方形
【尺寸】
头围44cm　深21cm

【编织方法】用1股线进行编织。
1. 用一般的方法织入80针起针，呈环形。
2. 用双罗纹针编织40行。
3. 按照图示方法，在帽顶进行减针，同时织入17行。
4. 用编织线在剩余的8个针脚中穿两圈，收紧。
5. 处理线头。

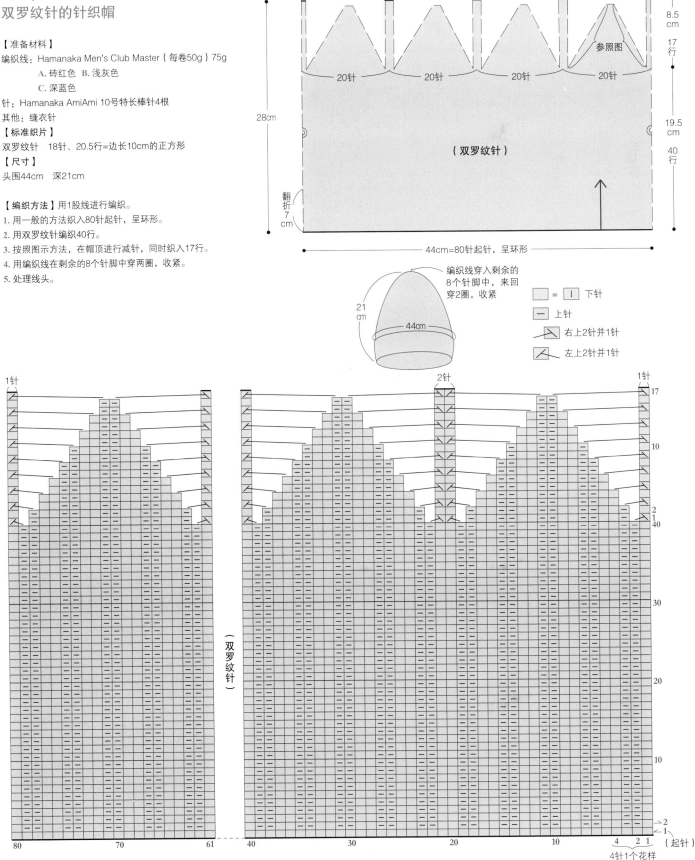

编织线穿入剩余的
8个针脚中，来回
穿2圈，收紧

□ = │ 下针
─ 上针
右上2针并1针
左上2针并1针

4针1个花样

（双罗纹针）

"双罗纹针的针织帽"的编织方法

*为了便于说明，更换了部分编织线的颜色。
*减针之前，可使用40cm的环形针编织。

POINT!
注意避免针脚拧扭！

1 织入起针，呈环形

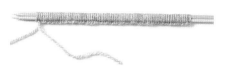

1 用2根棒针和一般的方法（p.12）织入80针起针。

2 抽出1根针，将起针均分在3根棒针上。

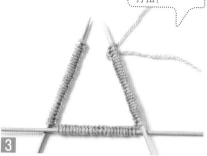

3 均分完成后如图，此即第1行。

2 织入双罗纹针

4 从内侧插入第4根针，织入下针（参照p.14）。

5 编织完成后如图。

POINT!

注意针脚与针脚间切勿松懈

针脚与针脚间容易松懈，编织换针后的第1针、第2针时，先稍稍拉动挂在左手的编织线，再继续编织。

6 接下来的2针编织上针，然后交替编织2针下针与2针上针（=双罗纹针）。

7 编织完第2行后如图。将织片拼接成环形。

8 编织完1行后，将计数扣穿入编织针中，注意换行的位置不要错位。第3行之后从1针下针开始编织，然后再织入双罗纹针。

9 编织至第10行后如图。

10 编织至第40行后如图。然后从下一行开始减针。

POINT!

什么时候换针？

如果每次都在同一位置换针，针脚与针脚间容易松懈。编织完1行后，先用原来的针继续编织2、3针，然后再换第4根针。可在每行的编织终点处挂上计数扣，避免找不到终点处的针脚。

③ 帽顶进行减针

右上2针并1针

11 减针的第1行。最初的2针先织入右上2针并1针。然后从内侧插入右针，无需编织直接移动。

12 接下来的针脚织入下针。

13 按照箭头所示插入左针。

14 盖住之前编织的针脚。

15 下一行右侧的针脚与左侧的针脚重叠。"右上2针并1针"编织完成。

16 接着用下针与上针织入16针。

左上2针并1针

17 接着再织入左上2针并1针。按照箭头所示从内侧插入右针，编织2针并1针。

18 2针并1针织入下针。

19 下一行左侧的针脚与右侧的针脚重叠。"左上2针并1针"编织完成。

右上2针并1针
左上2针并1针

20 接下来的2针织入右上2针并1针。然后按照步骤11～19的方法，重复4次编织1行。

右上2针并1针

21 第2行无需进行减针。第3行最初的2针编织右上2针并1针。

22 用同样的方法在奇数行减针，编织至第17行。此时针上挂着8个针脚。

4 收紧帽顶

23 留出 20cm 的编织线，剪断后穿入缝衣针中。将剩余的针脚每隔 1 针挑起，如此挑针一圈。

24 第 2 周再将之前未挑的针脚挑起，挑过的针脚从棒针上滑脱。

25 挑完 2 圈后，收紧编织线。

5 处理编织线

26 最后用力收紧，然后经过收紧的小孔，从反面穿出缝衣针。

27 从反面穿出后，挑 1 针。

28 拉动线，制作圆环。缝衣针穿入圆环中。

29 收紧线。帽顶固定后，无需担心针脚松懈。

30 最后将少许编织线藏到织片中，再剪断线。

31 翻到正面，完成。

环形编织的彩色围巾

环形编织的围巾将织片重叠后，温暖也会加倍。
建议大家选择自己喜欢的颜色。用心考虑不同的配色，也是手工编织的乐趣。

设计：野口智子
编织线：Hamanaka Amerry
编织方法：p.69

作品：p.68　环形编织的彩色围巾

【准备材料】
编织线：Hamanaka Amerry（每卷40g）

    A. 粉色 35g

    墨蓝色、海军蓝、米褐色、棕色各30g

    B. 灰色 35g

    白色、黑色、柠檬黄、浅蓝色各30g

针：Hamanaka AmiAmi 6号特长棒针4根

其他：缝衣针

【标准织片】 花样编织　20针、28.5行＝边长10cm的正方形

【尺寸】 宽15cm　周长108.5cm

【编织方法】

用1股线按照指定的配色进行编织。

1. 用一般的方法织入60针起针，呈环形。

2. 用花样编织的方法，按配色织入309行。

3. 编织起点与编织终点分别用卷针缝合的方法处理。

4. 处理线头。

配色

	A.	B.
	粉色	灰色
	米褐色	柠檬黄
	海军蓝	黑色
	米褐色	柠檬黄
	海军蓝	黑色
	棕色	白色
	墨蓝色	浅蓝色
	粉色	灰色
	米褐色	柠檬黄
	海军蓝	黑色
	棕色	白色
	墨蓝色	浅蓝色
	粉色	灰色

☆处重复6次

3.5cm＝10行（○）

3.5cm＝9行

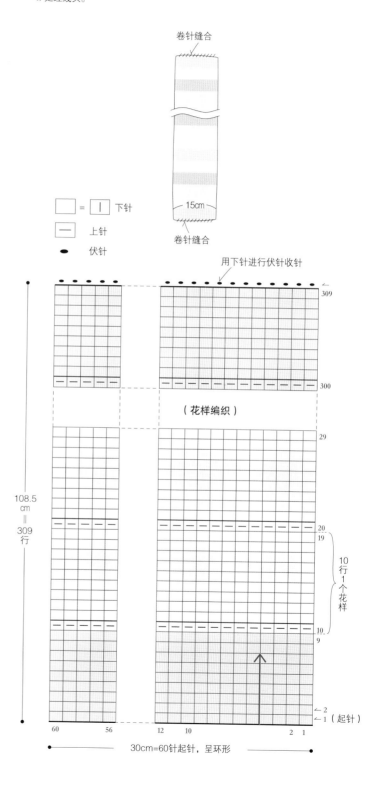

卷针缝合

□ = | 下针

— 上针

● 伏针

15cm

卷针缝合

用下针进行伏针收针

（花样编织）

309

300

29

20

19

10行1个花样

10

9

108.5cm＝309行

2

1（起针）

60　　56　　　12　　10　　　　2　　1

30cm＝60针起针，呈环形

基础花样的针织帽

下针与上针组合而成的基础花样。
线条流畅、造型可爱的圆形针织帽，还能将耳朵严严实实地包住。

设计：镰田惠美子
编织线：Hamanaka Exceed Wool L粗线
编织方法：p.71

A.

B.

作品：p.70　　基础花样的针织帽

【准备材料】
编织线：Hamanaka Exceed Wool L粗线（每卷40g）60g
　　　　A. 灰绿色　B. 蓝紫色
针：Hamanaka AmiAmi 7号特长棒针4根
其他：缝衣针
【标准织片】花样编织　20针、25.5行＝边长10cm的正方形
【尺寸】头围52cm 深19.5cm

【编织方法】用1股线编织。
1. 用一般的方法织入104针起针，呈环形。然后用双罗纹针编
织10行。
2. 用花样编织织入34行，然后按照图示方法在帽顶减针，同时
织入7行。
3. 编织线在剩余的13个针脚中来回穿2圈，收紧。
4. 处理线头。

编织线在剩余的13个针脚中
来回穿2圈，收紧

19.5cm

52cm

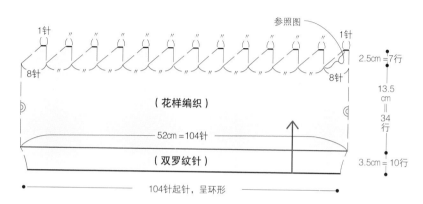

参照图

1针　　　　　　　　　　　　　　　　1针

8针　　　　　　　　　　　　　　　8针

2.5cm＝7行

（花样编织）

13.5cm＝34行

52cm＝104针

（双罗纹针）

3.5cm＝10行

16cm

104针起针，呈环形

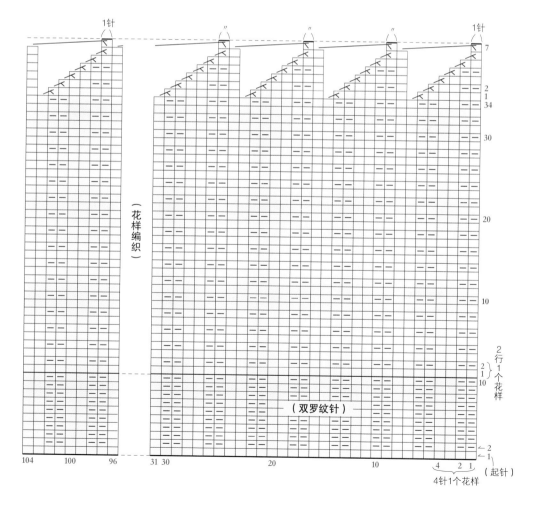

1针　　　　　　　　　　　　　　　　　　1针

7

（花样编织）

2 1 34

30

（双罗纹针）

2行1个花样

2 1 10

20

10

4 2 1

4针1个花样

2 1

（起针）

104　100　96　　31 30　　20　　10

　＝ 丨 下针

　— 上针

　左上2针并1针

难易度／★★☆

嵌入花样的围脖&护腕手套

专为初次尝试嵌入花样的朋友设计的简单套装。
先来试试小巧的护腕手套吧！
当花样浮现眼前时，不禁心情雀跃，忍不住想继续编织。

设计：镰田惠美子
制作：编织工坊山口
编织线：Hamanaka Exceed Wool L粗线
编织方法：p.74、p.75

A.

B.

C.

作品：p.72　　嵌入花样的围脖

【准备材料】
编织线：Hamanaka Exceed Wool L粗线（每卷40g）
　　　　灰色60g　蓝色、水蓝色各10g
针：Hamanaka AmiAmi 6号特长棒针4根
其他：缝衣针
【标准织片】
上下针编织的嵌入花样
21针、26行=边长10cm的正方形
【尺寸】周长57cm　高20cm

【编织方法】用1股线按照指定的配色进行编织。
1. 用一般的方法织入120针起针，呈环形。然后用单罗纹针织入4行。
2. 用上下针编织的嵌入花样织入42行。
3. 再用单罗纹针织入4行。
4. 编织终点处进行伏针收针。
5. 处理线头。

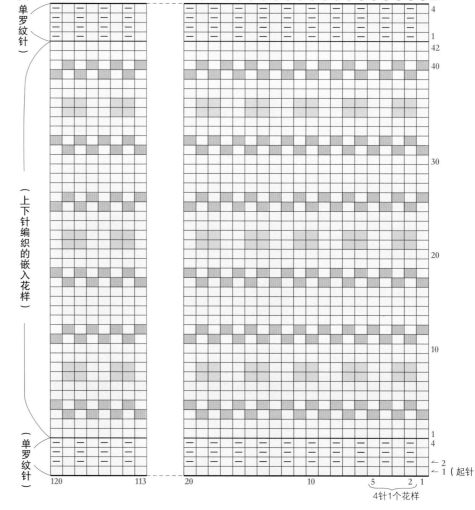

灰色

藏蓝色

水蓝色

｜ 下针

— 上针

• 伏针

作品：p.72　　嵌入花样的护腕手套

【准备材料】
编织线：Hamanaka Exceed Wool L粗线（每卷40g）
　　　　A. 灰色25g　藏蓝色、水蓝色各5g
　　　　B. 米褐色25g　深橙色、灰绿色各5g
　　　　C. 黄绿色25g　绿色、淡蓝色各5g
针：Hamanaka AmiAmi 6号短棒针5根（短针更易编织，使用4根
　　特长的棒针也可以。）
其他：缝衣针
【标准织片】
上下针编织的嵌入花样　21针、26行=边长10cm的正方形

【尺寸】手掌围17cm　长14cm

【编织方法】用1股线和指定的配色进行编织。
1. 用一般的方法织入36针起针，呈环形。然后用单罗纹针编织4行。
2. 接着用上下针编织的嵌入花样织入26行。
3. 再用单罗纹针编织4行。
4. 编织终点处进行伏针收针。
5. 处理线头。

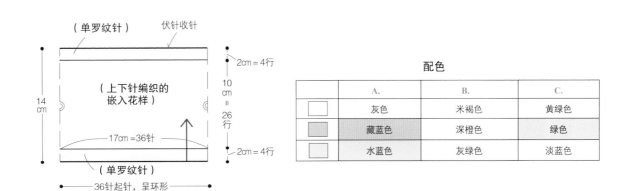

	A.	B.	C.
	灰色	米褐色	黄绿色
	藏蓝色	深橙色	绿色
	水蓝色	灰绿色	淡蓝色

配色

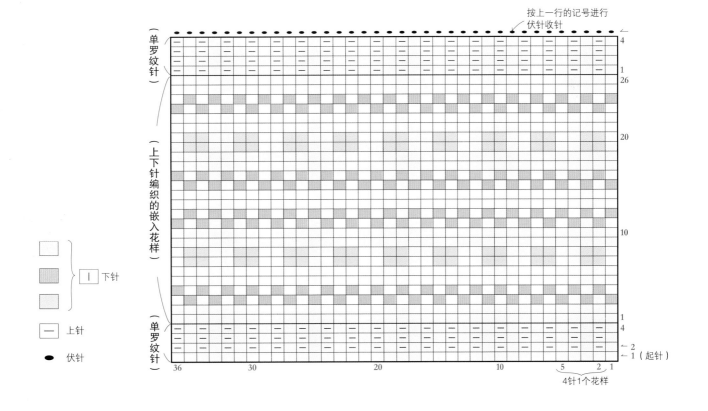

4针1个花样

"嵌入花样的护腕手套"的编织方法

* 以作品A为例进行解说。
* 围脖的针数和行数有变化，按相同的要领编织即可。

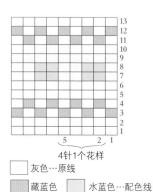

13
12
11
10
9
8
7
6
5
4
3
2
1

5　　2　1

4针1个花样

☐ 灰色…原线

▨ 藏蓝色　▨ 水蓝色…配色线

1 编织单罗纹针

1 用灰色线开始编织。先用一般的方法织入36针起针，呈环形（p.65的步骤 **1** ~ **3**），然后用单罗纹针织入4行。

2 编织嵌入花样

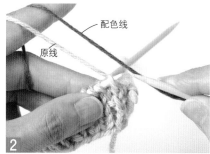

配色线

原线

2 用灰色线编织2行，从第2行开始编织嵌入花样。留出10cm的藏蓝色线头，然后按照图示，将原线置于下方，配色线置于上方，挂在手指上。

3 棒针插入第1针中，挂上配色线（藏蓝色）后织入下针。

4 编织完成后如图。

5 棒针插入下一针脚中，挂上原线（灰色）后织入下针。

6 编织完1针后如图。

7 棒针插入下一针脚中，再挂上配色线，织入下针。

8 编织完成后如图。

POINT!
稍微拉动线后开始编织。

9 原线与配色线逐针交替编织。均是原线在下方，配色线在上方，渡线后再编织。

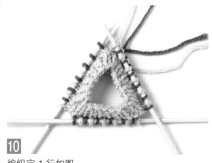

10 编织完1行如图。

11 从反面看，配色线呈渡线1周的状态。

12 从第 4 行开始用原线（灰色）编织，按照第 1 行的方法，将原线与配色线逐针交替编织。编织完 1 行后留出 10cm 的藏蓝色线头，剪断。

13 第 5、6 行无需织入嵌入花样，用灰色编织。

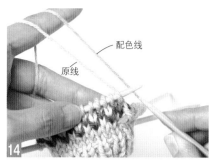

配色线
原线

14 第 7 行。留出 10cm 的水蓝色线头，挂到手指上。

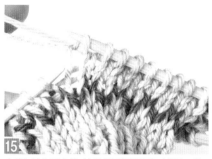

15 水蓝色线为配色线，按照相同的要领每次织入 2 针。

16 第 8 行也是同样按照第 7 行的要领编织。留出 10cm 左右的水蓝色线后剪断。

17 第 9、10 行用灰色编织，再接入藏蓝色线，编织第 11、12 行。

③ 编织单罗纹针

18 从反面看如图。配色线呈均匀地渡线状。

19 用同样的方法编织嵌入花样至第 26 行。

20 接着用单罗纹针编织 4 行。编织终点处按照上一行的相同记号进行伏针收针（p.61 步骤 **15** ~ **20**）。

21 处理线头（p.17），完成。

如何编织得漂亮工整

要将嵌入花样编织得工整漂亮，编织线既不能过紧，也不能过松。适当地拉动线后再编织，这点非常关键。编织作品之前，先试一下，练习将针脚织得整齐漂亮。

OK 适当地拉动线，保持针脚大小一致。

②
①

NG ①编织线过松。针脚太大，略膨胀。②编织线过紧。针脚太小，略紧缩。

难易度／★★☆

嵌入花样的针织帽

休闲情侣款的嵌入花样针织帽。用粗线编织，行数较少，
因此很快就可以编织完成。女孩款的帽顶稍微短一些。

设计：河合真弓
制作：栗原由美
编织线：Hamanaka Men's Club Master
编织方法：p.79

A.

B.

作品：p.78　嵌入花样的针织帽

【准备材料】
编织线：Hamanaka Men's Club Master（每卷50g）
　　　　A. 藏蓝色85g　本白15g
　　　　B. 红色80g　本白15g
针：Hamanaka AmiAmi 9号、10号特长棒针4根
其他：缝衣针
【标准织片】
上下针编织、上下针编织的嵌入花样
15针、18行=边长10cm的正方形
【尺寸】
头围53cm　A. 深27.5cm　B. 深24.5cm

【编织方法】
用1股线按照指定的配色编织。
1. 用一般的方法织入80针起针，呈环形。然后用单罗纹针编织19行。
2. 换10号针，用上下针编织的嵌入花样织入18行。
3. 接着用上下针编织，A织入9行、B织入4行，按照图示方法在帽顶进行减针，同时织入15行。
4. 编织线在剩余的16个针脚中来回穿2圈，收紧。
5. 处理线头。

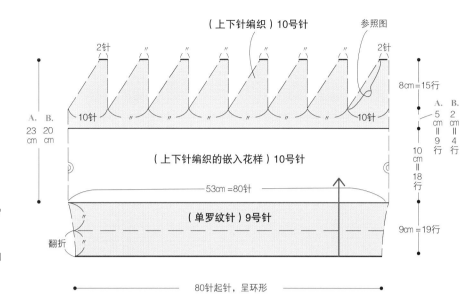

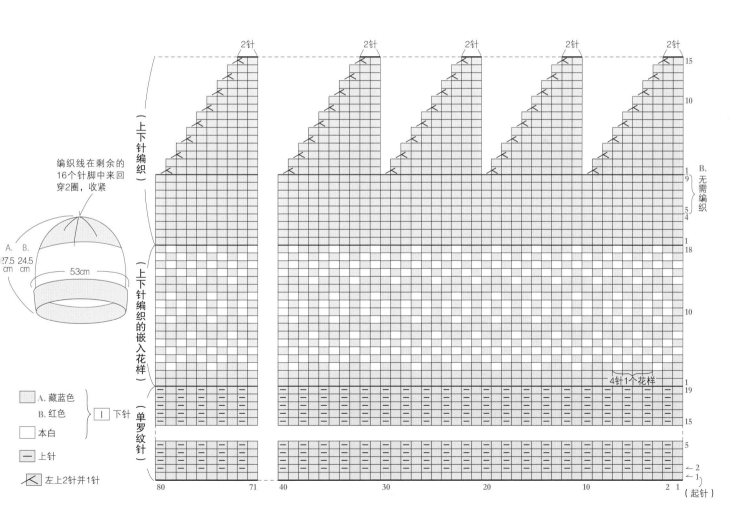

A. 藏蓝色
B. 红色
本白
| 下针

─ 上针

左上2针并1针

花朵花样的针织帽

用嵌入花样编织花朵图案，非常适合女孩子的针织帽。
茶色的配色线不会过于甜美，搭配任何造型都没问题。

设计：Kanno Naomi
编织线：Hamanaka Amerry
编织方法：p.81

作品：p.80　　花朵花样的针织帽

【准备材料】
编织线：Hamanaka Amerry（每卷40g）60g
　　　　棕色55g　灰色20g
　　　　芥末黄、灰玫瑰色各5g
针：Hamanaka AmiAmi 5号、6号特长棒针4根
其他：缝衣针

【标准织片】
上下针编织、上下针编织的嵌入花样
21针、22行＝边长10cm的正方形

【尺寸】
头围52cm　深23cm

【编织方法】
用1股线编织，除嵌入花样以外均使用棕色线编织。
1. 用一般的方法织入108针起针，呈环形。然后用双罗纹针编织42行。
2. 换6号针，用上下针编织的嵌入花样织入28行。
3. 按照图示方法进行减针，同时编织9行。
4. 编织线在剩余的27个针脚中来回穿2圈，收紧。
5. 制作绒球，拼接到帽顶。
6. 处理线头。

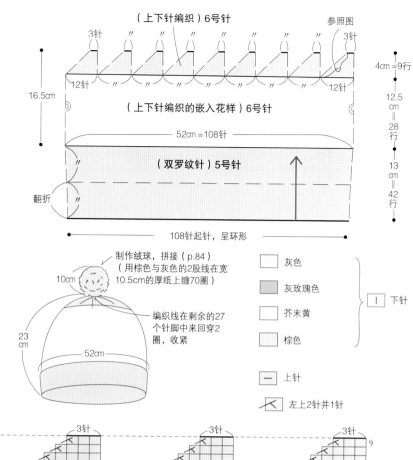

（上下针编织）6号针
3针　　　　　　　　　　　　　　　　　　　　　　参照图
　　　　　　　　　　　　　　　　　　　　　　　　3针
12针　　　　　　　　　　　　　　　　　　　　12针
16.5cm
（上下针编织的嵌入花样）6号针
52cm＝108针
（双罗纹针）5号针
翻折
108针起针，呈环形
4cm＝9行
12.5cm＝28行
13cm＝42行

制作绒球，拼接（p.84）
（用棕色与灰色的2股线在宽10.5cm的厚纸上缠70圈）
10cm
编织线在剩余的27个针脚中来回穿2圈，收紧
23cm
52cm

灰色
灰玫瑰色
芥末黄
棕色
I 下针

— 上针

左上2针并1针

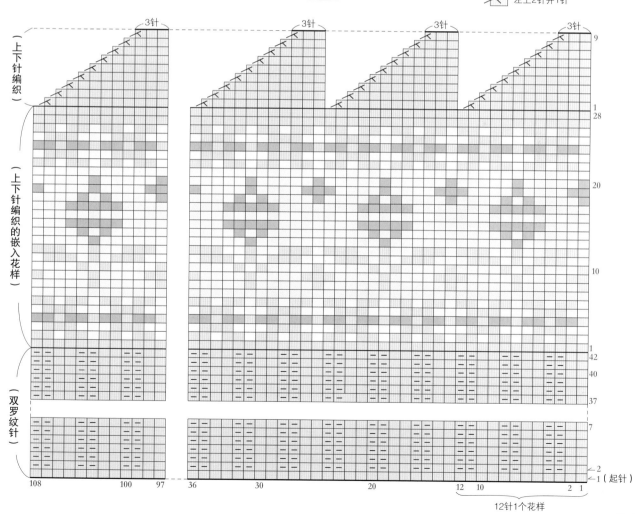

3针　　　3针　　　3针　　　3针
（上下针编织）
9
1
28
20
10
1
42
40
37
7
2
1（起针）
（上下针编织的嵌入花样）
（双罗纹针）
108　　100　　97　　36　　30　　20　　12　10　　2　1
12针1个花样

难易度／★★☆

细格纹针织帽

与p.37的作品相同，均是用滑针编织出细格纹花样。
一眼看上去很像嵌入花样，设计独特新颖。
加入小绒球更增添几分可爱。

设计：镰田惠美子
编织线：Hamanaka Amerry
编织方法：p.83

A.

C.

【准备材料】

编织线：Hamanaka Amerry（每卷40g）

　　　A. 灰色30g　白色15g

　　　B. 墨蓝色30g　海军蓝15g

　　　C. 棕色30g　黑色15g

针：Hamanaka AmiAmi 6号特长棒针4根

其他：缝衣针

【标准织片】花样编织　20.5针、29.5行＝边长10cm的正方形

　　　　　上下针编织　20.5针＝10cm　13行＝5cm

【尺寸】头围51cm　深19cm

【编织方法】用1股线按照指定的配色进行编织。

1. 用一般的方法织入104针起针，呈环形。然后用单罗纹针编织7行。

2. 用花样编织的方法织入34行。

3. 按照图示方法，用上下针编织帽顶，进行减针的同时织入13行。

4. 编织线在剩余的8个针脚中来回穿2圈，收紧。

5. 制作绒球，缝到帽顶。

6. 处理线头。

配色

	A.	B.	C.
☐	灰色	墨蓝色	棕色
▨	白色	海军蓝	黑色

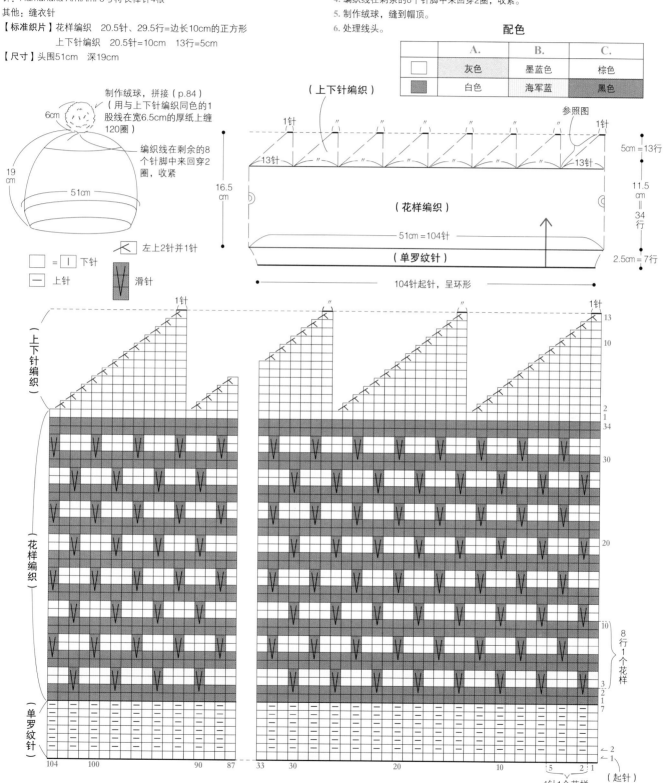

"细格纹针织帽" 绒球的制作方法与拼接方法 *以作品C为例进行解说。

1 在宽6.5cm（绒球的直径+0.5cm）的厚纸中央剪出切口，缠上1股棕色的编织线。

6.5cm

2 缠120圈后剪断编织线。

3 将缠好的编织线移动到右侧。另取一根剪成60cm的编织线，在中央缠两圈，打结。
* 此处换成其他颜色的编织线，便于说明。

4 从厚纸上取下线团，剪开线圈的两侧。

5 捏住另取的那根线，轻轻抖动，修剪成圆形。

6 整理成漂亮的圆球后如图。

7 将另取的线穿入缝衣针中，经过帽顶收紧的小孔，从反面穿出针。

8 少部分线藏到织片的反面。

9 打两次结，固定绒球。

10 处理线头（p.17），完成。

各式绒球

缠绕的圈数较少，绒球略微会粗糙一些；缠绕的圈数较多，绒球会密实一些。可按自己的喜好选择。

缠80圈　缠180圈

作品：p.86　　阿兰花样的贝雷帽

【准备材料】
编织线：Hamanaka Sonomono Alpaca Wool粗线（每卷
　　　　40g）米褐色70g
针：Hamanaka AmiAmi 6号、4号特长棒针4根
其他：扭花针　缝衣针
【标准织片】花样编织　22针、30行=边长10cm的正方形
【尺寸】头围60cm 深22.5cm

【编织方法】用1股线编织。
1. 用一般的方法织入132针起针，呈环形。然后用单罗纹
针编织10行。
2. 换6号针，用花样编织的方法织入47行。
3. 按照图示方法，在帽顶进行减针，同时编织12行。
4. 编织线在剩余的60个针脚中来回穿2圈，收紧。
5. 处理线头。

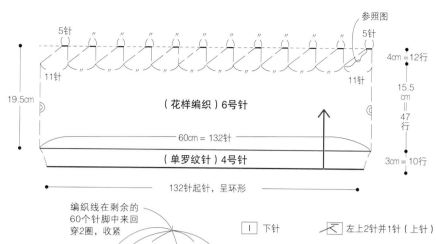

参照图
5针　　　　　　　　　　　　　　　　　　　5针
11针　　　　　　　　　　　　　　　　11针
19.5cm
4cm＝12行
15.5cm＝47行
3cm＝10行
（花样编织）6号针
60cm＝132针
（单罗纹针）4号针
132针起针，呈环形

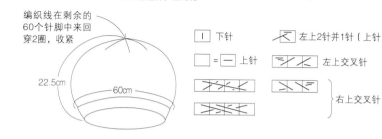

编织线在剩余的60个针脚中来回穿2圈，收紧
22.5cm
60cm

下针		左上2针并1针（上针）
= 上针		左上交叉针
		右上交叉针

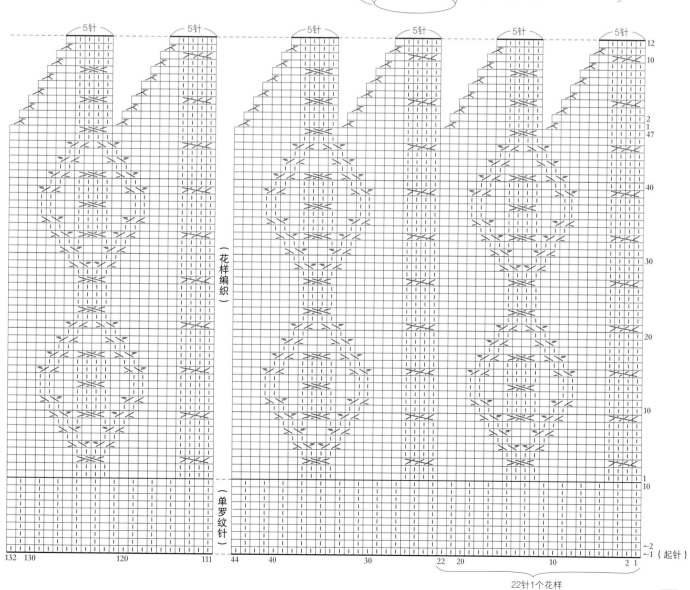

（花样编织）

（单罗纹针）

5针　　5针　　5针　　5针　　5针　　5针

12
10
2
1
47
40
30
20
10
1
10

132　130　　120　　111　44　40　　30　　22　20　　10　　2　1 （起针）
←2
←1（起针）

22针1个花样

难易度／★★★

阿兰花样的贝雷帽

无需加针，设计简单的贝雷帽。
可以像针织帽一样戴在头上，
推荐给认为"贝雷帽不好戴"的朋友们。

设计：Kanno Naomi
编织线：Hamanaka Sonomono Alpaca Wool粗线
编织方法：p.85

护耳帽

温暖的护耳帽，非常适合严冬佩戴。
先编织完帽子，再将起针挑起，编织护耳部分。

设计：镰田惠美子
编织线：Hamanaka Alan Tweed
编织方法：p.88

作品：p.87　护耳帽

【准备材料】
编织线：Hamanaka Alan Tweed（每卷40g）灰色50g
针：Hamanaka AmiAmi 8号特长棒针4根
其他：扭花针　缝衣针
【标准织片】花样编织　16.5针、21行=边长10cm的正方形
【尺寸】头围51cm　深19cm

【编织方法】用1股线编织。
1. 用一般的方法织入84针起针，呈环形。然后用单罗纹针编织6行。
2. 接着用花样编织的方法织入30行。
3. 按照图示方法，在帽顶进行减针，同时织入6行。
4. 编织线在剩余的14个针脚中来回穿2圈，收紧。
5. 从图中起针的位置挑针，然后用单罗纹针编织护耳。
6. 处理线头。

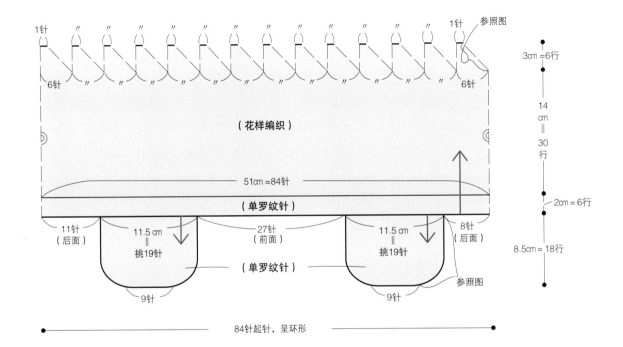

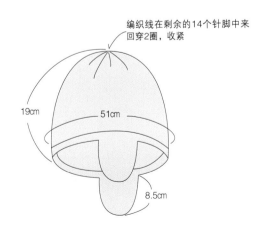

编织线在剩余的14个针脚中来
回穿2圈，收紧

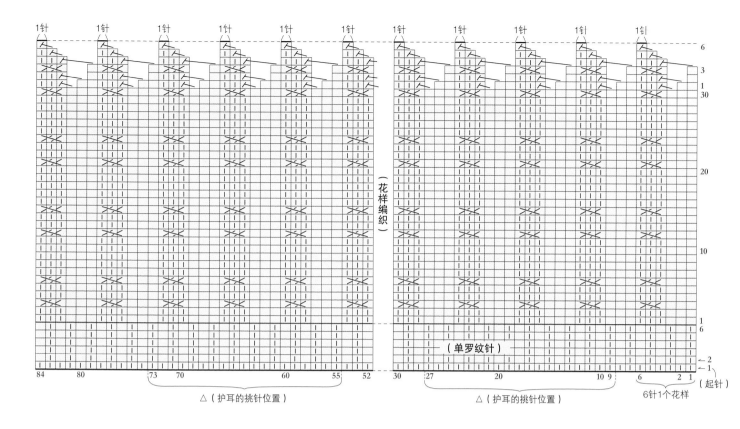

（花样编织）

（单罗纹针）

1针 1针 1针 1针 1针 1针 1针 1针 1针 1针 1针

6
3
1
30

20

10

1
6

2
1
←（起针）

84 80 73 70 60 55 52 30 27 20 10 9 6 2 1

△（护耳的挑针位置） △（护耳的挑针位置） 6针1个花样

护耳（单罗纹针）2块

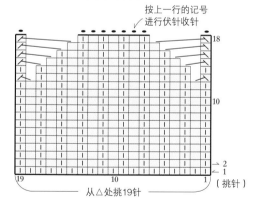

按上一行的记号进行伏针收针

18

10

2
1

19 10 1 （挑针）

从△处挑19针

□ =	─ 上针
丨	下针
⤬	右上交叉针
╱	左上2针并1针
╲	右上2针并1针
●	伏针

护耳的挑针方法

*为了便于说明，此处换用了其他颜色的编织线。

1 帽子的起针侧朝上。按照箭头所示插入棒针，将针插入起针的锁针中。

2 挂线后引拔抽出。

3 引拔抽出后如图。

4 从每个针脚中挑1针，共计挑19针。

难易度／★★☆

绳纹花样的针织帽

选用独特个性的绳纹花样编织而成的时髦针织帽。
帽顶部分的减针较少，适合初学者的设计。

设计: 河合真弓
制作: 栗原由美
编织线: Hamanaka Alan Tweed
编织方法: p.91

A.

B.

作品：p.90　　绳纹花样的针织帽

【准备材料】
编织线：Hamanaka Alan Tweed（每卷40g）100g
　　A. 本白　B. 藏蓝色
针：Hamanaka AmiAmi 8号、7号特长棒针4根
其他：扭花针　缝衣针
【标准织片】花样编织　22针、21行=边长10cm的正方形
【尺寸】头围50cm　深25cm

【编织方法】用1股线进行编织。
1. 用一般的方法织入112针起针，呈环形。然后用双罗纹针织入28行。
2. 换8号针，用花样编织织入了8行。
3. 按照图示方法，在帽顶的2行进行减针。
4. 编织线在剩余的28个针脚中来回穿2圈，收紧。
5. 制作绒球，拼接到帽顶。
6. 处理线头。

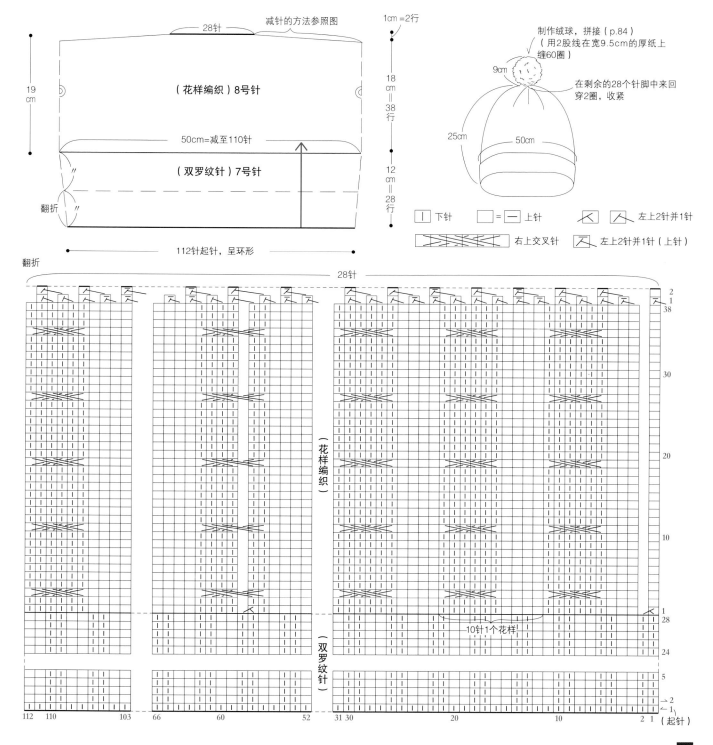

专栏

Q&A 编织错误时的处理方法

Q 针脚从棒针上滑脱后怎么办？

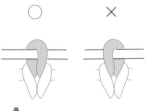

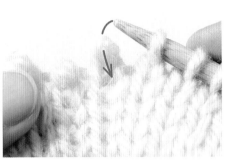

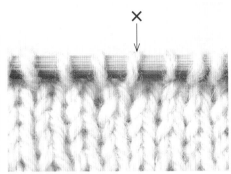

A 线圈的正确挂法如插图所示。如果针脚从棒针上滑脱，可按箭头所示插入针，将其挑起。

×处为错误的挑针方法。如果继续编织，针脚会呈拧扭状。

Q 想往回退几针时怎么办？

A 发现编织错误，想往回退几针时，可插入左针，逐一将每个针脚拆开。

● 下针

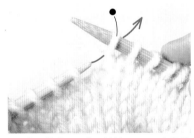

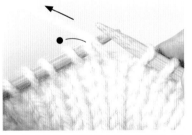

1 按照箭头所示将左针插入下面一行的针脚中，从右针上滑脱线圈。

2 拉动线头，拆开挂在针上的针脚，退回1针。

● 上针

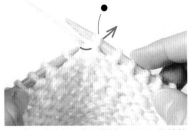

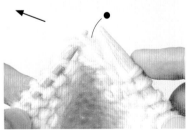

1 按照箭头所示将左针插入下面一行的针脚中，从右针上滑脱线圈。

2 拉动线头，拆开挂在针上的针脚，退回1针。

Q 拆下来的线如何处理？

A 编织错误后拆下来的编织线，会变得卷曲。不宜再继续使用，且编织出的针脚很难与之前的一样工整。可以用蒸汽熨烫，拉直后再使用。需要注意的是，切勿过于用力拉伸，否则会导致编织线变细。

本书用线

图片中的编织线均与实物等大。因作品不同，所用针与适合针有时也会存在差异。
名称下面依次为材质 / 每卷线的重量与线的长度 / 适合针

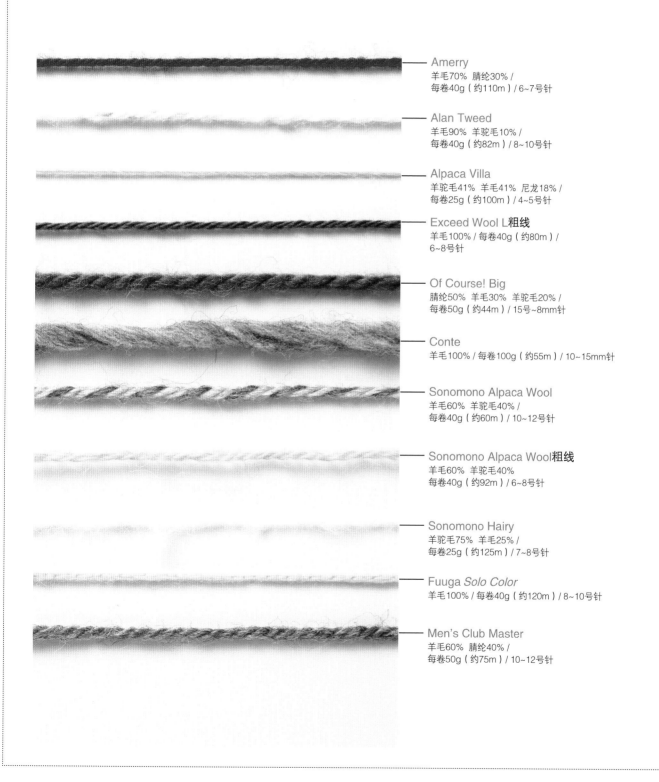

Amerry
羊毛70% 腈纶30% /
每卷40g（约110m）/ 6~7号针

Alan Tweed
羊毛90% 羊驼毛10% /
每卷40g（约82m）/ 8~10号针

Alpaca Villa
羊驼毛41% 羊毛41% 尼龙18% /
每卷25g（约100m）/ 4~5号针

Exceed Wool L粗线
羊毛100% / 每卷40g（约80m）/
6~8号针

Of Course! Big
腈纶50% 羊毛30% 羊驼毛20% /
每卷50g（约44m）/ 15号~8mm针

Conte
羊毛100% / 每卷100g（约55m）/ 10~15mm针

Sonomono Alpaca Wool
羊毛60% 羊驼毛40% /
每卷40g（约60m）/ 10~12号针

Sonomono Alpaca Wool粗线
羊毛60% 羊驼毛40%
每卷40g（约92m）/ 6~8号针

Sonomono Hairy
羊驼毛75% 羊毛25% /
每卷25g（约125m）/ 7~8号针

Fuuga *Solo Color*
羊毛100% / 每卷40g（约120m）/ 8~10号针

Men's Club Master
羊毛60% 腈纶40% /
每卷50g（约75m）/ 10~12号针

棒针编织的基础

本书以步骤图片的方式对编织方法的基础进行详细地解说。
编织时，请同时参照相应的步骤图片。

一般的起针 →p.12　　步骤**1**~**3**也可按照p.12步骤**1**~**5**的方法处理。

1

线头侧（织片尺寸的3.5倍+缝纫线部分）

编织线挂在左手大拇指与食指上，参照箭头所示插入针。

2

将食指上的编织线挂到棒针上，再从大拇指侧的线圈中穿过。

3

滑脱大拇指上的编织线。

4

线头侧的编织线挂到大拇指上，拉紧。此即顶端的第1针。

5

按箭头所示，将大拇指上的挂线挑起。

6

将食指上的线挂到针上，同时穿入大拇指的线圈中。

7

滑脱大拇指上的编织线。

8

在大拇指上挂线，轻轻拉紧。此即第2针。重复步骤5~8，织入必要的针数。

9

←线头侧

完成。此为第1行。抽出1根棒针，用此针开始编织。

编织记号为从织片正面看到的操作记号。
除特例外（挂针、卷针），均是在下一行形成所织的针脚。

下针 →p.14	**上针** →p.14	**伏针** →p.16	**滑针** →p.39

下针 →p.14

ǀ

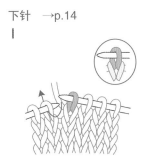

按箭头所示插入针，挂线后引拔抽出。

上针 →p.14

—

按箭头所示插入针，挂线后引拔抽出。

伏针 →p.16

●

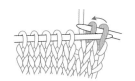

织入2针，用第1针盖住第2针。然后再织入1针，盖住右侧的针脚。

滑针 →p.39

无需编织针脚，直接移到右针上，在织片的反面形成渡线。

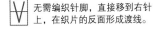

下一行的针脚呈上拉状。

拉针 →p.35 ∩

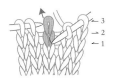

第1、2行织入下针，编织第3行（记号的上一行）时，棒针插入第1行的针脚中，将第2行的针脚拆开，移回左针上，然后与拆开的第2行编织线一起织入下针。

织入上针的记号，在记号上方加入"—"。

左上2针并1针 →p.46、66

2针一起编织。

右上2针并1针 →p.46、66

②织入下针

①无需编织，直接移到右针上

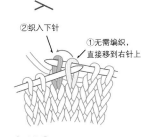

用①盖住②。

右上交叉针（2针）

用其他针取2针，置于内侧，接下来的2针织入下针。

其他针上的针脚织入下针。

左上交叉针（2针）

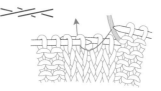

用其他针取2针，置于外侧，接下来的2针织入下针。

其他针上的针脚织入下针。

右上交叉针（下针2针与上针1针的交叉）

用其他针取2针，置于内侧，接下来的1针织入上针。

其他针上的针脚织入下针。

左上交叉针（下针2针与上针1针的交叉）

用其他针取1针，置于外侧，接下来的2针织入下针。

其他针上的针脚织入上针。

嵌入花样的编织方法（横向渡线的方法） →p.76

1

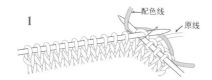

配色线

原线

2

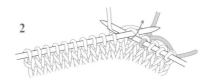

换用配色线编织时，在织入顶端针脚之前，可用原线夹住配色线。将原线置于下方，用配色线编织1针。

配色线置于上方，暂时停下，用原线编织。通常都是将配色线置于上方，原线置于下方进行编织。

扭针加针的方法 →p.44

1

用右针将针脚与针脚间的渡线挑起。

2

织入扭针。

3

卷针订缝 →p.21

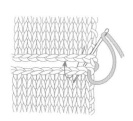

织片正面朝外相对合拢，挑起所有针脚，收紧。

上下针订缝 →p.34

1

编织起点的织片

在反面处理

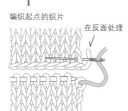

编织终点的织片

织片相接合拢，从正面将针插入内侧的针脚中。

2

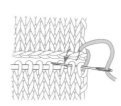

再将针插入外侧的针脚中，穿针的同时将两块织片缝合。

挑针接缝 →p.47

用剩余的线缝合。

1

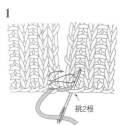

挑2根

2

TITLE：［手づくりLesson はじめて編む 帽子・マフラー・スヌード］

By：［朝日新聞出版］

Copyright © Asahi Shimbun Publications Inc.

Original Japanese language edition published by Asahi Shimbun Publications Inc.

All rights reserved. No part of this book may be reproduced in any form without the written permission of the publisher.

Chinese translation rights arranged with Asahi Shimbun Publications Inc., Tokyo through Nippon Shuppan Hanbai Inc.

本书由日本株式会社朝日新闻出版授权北京书中缘图书有限公司出品并由煤炭工业出版社在中国范围内独家出版本书中文简体字版本。

著作权合同登记号：01-2017-2125

图书在版编目（CIP）数据

新手学棒针：帽子&围巾 / 日本朝日新闻出版编著；

何凝一翻译. -- 北京：煤炭工业出版社，2018（2019.11重印）

ISBN 978-7-5020-6005-3

Ⅰ.①新… Ⅱ.①日… ②何… Ⅲ.①帽—棒针—绒

线—编织—图集②围巾—棒针—绒线—编织—图集 Ⅳ.

①TS935.522-64

中国版本图书馆CIP数据核字(2017)第172750号

新手学棒针：帽子&围巾

编　　著	日本朝日新闻出版	翻　　译	何凝一
策划制作	北京书锦缘咨询有限公司（www.booklink.com.cn）		
总 策 划	陈　庆	策　　划	滕　明
责任编辑	马明仁	编　　辑	郭浩亮
设计制作	柯秀翠		

出版发行　煤炭工业出版社（北京市朝阳区芍药居35号　100029）

电　　话　010-84657898（总编室）

　　　　　010-64018321（发行部）　010-84657880（读者服务部）

电子信箱　cciph612@126.com

网　　址　www.cciph.com.cn

印　　刷　天津市蓟县宏图印务有限公司

经　　销　全国新华书店

开　　本　889mm×1194mm$^1/_{16}$　　印张　6　　字数　75千字

版　　次　2018年1月第1版　2019年11月第3次印刷

社内编号　8885　　　　　　定价　39.80元